AF346561

BIBLIOTHÈQUE SCIENTIFIQUE CONTEMPORAINE

La Vie

AU SEIN DES MERS

Bibliothèque Scientifique Contemporaine

Nouvelle collection de volumes in-16, comprenant 350 à 400 pages, imprimés en caractères elzéviriens et illustrés de figures intercalées dans le texte.

PRIX DE CHAQUE VOLUME : 3 FR. 50

100 volumes sont en vente.

DERNIERS VOLUMES PARUS

Les Ancêtres de nos animaux dans les temps géologiques, par ALBERT GAUDRY, professeur au Muséum, membre de l'Institut.

Sous les mers, campagnes d'exploration du TRAVAILLEUR *et du* TALISMAN, par le marquis DE FOLIN.

L'Homme avant l'histoire, par CH. DEBIERRE.

L'Évolution du système nerveux, par H. BEAUNIS, professeur à la Faculté de Nancy.

La Lumière et les couleurs, par AUGUSTE CHARPENTIER, professeur à la Faculté de Nancy.

Le Microscope et ses applications à l'étude des animaux et des végétaux, par ED. COUVREUR.

Les Facultés mentales des animaux, par le Dr FOVEAU DE COURMELLES.

La Lutte pour l'existence chez les animaux marins, par LÉON FREDERICQ.

Les Végétaux et les animaux lumineux, par H. GADEAU DE KERVILLE.

Les Sociétés chez les animaux, par PAUL GIROD, professeur à la Faculté des sciences de Clermont.

La Vie des oiseaux, scènes d'après nature, par le baron D'HAMONVILLE.

Les Industries des animaux, par FRÉDÉRIC HOUSSAY, maître de conférences à l'École normale.

Les Sciences naturelles et les problèmes qu'elles font surgir, par TH. HUXLEY.

Les Sens chez les animaux inférieurs, par E. JOURDAN, professeur à la Faculté de Marseile.

Les Huîtres et les mollusques comestibles, Histoire naturelle, culture industrielle, hygiène alimentaire, par A. LOCARD.

Le Transformisme, par EDMOND PERRIER, professeur au Muséum.

La Géographie zoologique, par le Dr TROUESSART.

LYON. — IMPRIMERIE PITRAT AÎNÉ, RUE GENTIL, 4.

La Vie

AU SEIN DES MERS

LA FAUNE MARINE ET LES GRANDES PROFONDEURS
LES GRANDES EXPLORATIONS SOUS MARINES
LES CONDITIONS D'EXISTENCE DANS LES ABYSSES
LA FAUNE ABYSSALE

PAR

L. DOLLO

AIDE-NATURALISTE AU MUSÉE D'HISTOIRE NATURELLE DE BRUXELLES

Avec 46 figures intercalées dans le texte

PARIS

LIBRAIRIE J.-B. BAILLIÈRE ET FILS

RUE HAUTEFEUILLE, 19, PRÈS DU BOULEVARD SAINT-GERMAIN

1891

AVANT-PROPOS

Décrire *la vie au sein des mers*, en tenant compte de ses nombreuses manifestations, serait, pour être quelque peu complet, une tâche considérable. Il faudrait, en effet, traiter non seulement des animaux, mais encore des végétaux ; faire connaître les différents types qui habitent, les uns les rivages, d'autres le large à la surface, d'autres enfin les abîmes de l'Océan. Et cela, sans se limiter à l'époque actuelle, qui ne représente qu'un instant dans l'existence de notre globe, mais en se transportant tour à tour, pour autant que le permettrait l'état présent de la science, aux nombreuses périodes géologiques.

Vouloir accomplir cette tâche dans l'espace d'un volume de la *Bibliothèque scientifique contemporaine* serait évidemment chose impossible. Il est des cas où il faut savoir se borner. Nous nous limiterons donc aux faits les plus intéressants.

Dans une première partie, nous étudierons d'une manière générale la faune marine et les grandes profondeurs de la mer.

Puis, nous passerons en revue les explorations sous-marines et leurs procédés de recherches.

Nous aborderons ensuite l'examen des conditions d'existence dans les abysses.

Enfin, nous donnerons une description de la faune abyssale, dont nous rechercherons les caractères et l'origine.

Des fragments étendus de ce volume ont déjà paru sous forme d'articles isolés, dans la *Revue des questions scientifiques*.

J'ai également utilisé, dans une large mesure, l'opuscule de mon ami Paul Pelseneer : *L'Exploration zoologique des mers profondes*, Bruxelles, 1890.

Qu'il me soit permis, en terminant, d'exprimer mes sentiments de profonde reconnaissance :

M. le Dʳ Günther, conservateur du département zoologique au British Museum, qui, lors d'une visite que je fis à cet établissement, a eu la bonté de me montrer les poissons de mer profonde en sa possession ;

M. A. Geikie, directeur du *Geological Survey* du Royaume-Uni, qui a obligeamment prié M. Macmillan de m'envoyer les clichés de trois des gravures de ce volume ;

Enfin, à M. John Murray, directeur du *Challenger-Office*, qui a fait préparer pour moi trois autres figures.

Bruxelles, septembre 1890.

La Vie

AU SEIN DES MERS

Première Partie

LA FAUNE MARINE ET LES GRANDES PROFONDEURS DE LA MER

CHAPITRE PREMIER

HISTORIQUE

Les animaux qui peuplent notre globe habitent les différents milieux qui sont à leur portée. Les uns vivent simplement à la surface de la terre, à des altitudes diverses; d'autres passent leur vie au sein des eaux; d'autres enfin habitent l'air. Mais, tandis que nous avons des animaux exclusivement terrestres ou aquatiques, il n'en est point qui soient seulement aériens : en effet, il n'y a pas de forme, si bien adaptée qu'elle soit pour vivre dans l'atmosphère, qui ne possède des organes de locomotion, plus ou moins parfaits, destinés à la progression sur le sol.

Il n'y a donc à distinguer que les animaux terrestres et aquatiques. Mais, comme les derniers, suivant qu'ils habitent l'Océan ou les fleuves et les lacs, forment des ensembles fauniques très dissemblables, il y a lieu de diviser les habitants de notre planète en trois grands groupes : *la faune terrestre, la faune d'eau douce* et *la faune marine.*

Les premiers animaux que les hommes connurent étaient sans aucun doute des organismes extra-marins comme eux, c'est-à-dire des formes terrestres et d'eau douce. La connaissance de la faune marine ne vint probablement que dans la suite ; encore ne fut-elle d'abord que très restreinte, comme l'était celle de l'Océan lui-même avant qu'il fût exploré.

Aussi le nombre des êtres marins était-il, à l'origine, supposé excessivement réduit.

C'est ainsi qu'à l'époque où la civilisation romaine était à son apogée, Pline l'Ancien en énumérait cent soixante-seize ! Au sujet des animaux terrestres, il disait que l'on devait tenir pour impossible d'en porter toutes les espèces à la connaissance de l'humanité. « Mais, par Hercule ! », ajoutait-il, dans sa naïve suffisance, « *la mer et l'Océan*, si vastes qu'ils soient, *ne renferment rien qui ne nous soit connu*, et, le fait est vraiment merveilleux, ce que nous connaissons le mieux est précisément ce que la nature a caché dans ces abîmes. »

Cependant, avec le temps, la connaissance de l'Océan était devenue plus exacte. Ce qu'on avait appelé autrefois le *Fleuve Océan* fut reconnu avoir une étendue superficielle considérable. Les grandes expéditions maritimes commencées à l'époque de la Renaissance rendirent indiscutable son immensité.

Une conséquence immédiate de l'exploration des

différentes mers du globe fut l'extension des connaissances humaines au sujet de la faune marine. Ce
qu'on avait pu croire un désert liquide fut reconnu
être un foyer de vie d'une intensité extraordinaire ;
et lorsque la zoologie moderne eut pu faire un inventaire suffisamment complet des richesses animales de
notre planète, il devint évident que la faune marine
avait une importance bien plus considérable que les
faunes terrestres et fluviales réunies, tant au point de
vue du nombre que de la variété des formes.

Il est en effet bien peu de groupes du règne animal
dont la mer ne renferme des représentants, et de tous
les groupes de ce règne, il en est beaucoup qui sont
exclusivement marins.

Le nombre et la variété des organismes qui vivent
dans l'Océan expliquent donc suffisamment leur
importance aux yeux des naturalistes et fait comprendre l'utilité des nombreuses *stations zoologiques*
consacrées aujourd'hui à leur étude.

Cependant, jusque dans la première moitié du
siècle, l'exploration de l'Océan n'avait augmenté nos
connaissances à son sujet que sur ce qui concerne sa
superficie ; on avait en effet acquis, sur ce point, des
notions assez précises pour savoir qu'elle était à peu
près le triple de celle des terres émergées. Mais les
idées qu'on se faisait sur la profondeur des mers
étaient assez vagues et l'avaient été encore bien
davantage.

On croyait autrefois que l'Océan n'avait pas de
fond. C'est ainsi que L.-F. de Marsigli[1] décrivait, au

---

[1] Marsigli, *Histoire physique de la mer*, Amsterdam, 1725.

commencement du siècle dernier, la Méditerranée comme un gouffre insondable.

Cependant, cette opinion ne put prévaloir long-temps et divers savants firent des hypothèses et des calculs de toute nature pour déterminer la profondeur moyenne des mers, en se basant sur l'étude des marées, la hauteur moyenne des continents, l'amplitude des vagues, la pente des côtes, etc. Mais les résultats obtenus, timides ou hardis, étaient on ne peut plus contradictoires et s'étendaient de quelques cents mètres à 25 kilomètres.

Il résulte de cette ignorance où l'on se trouvait au sujet des profondeurs de la mer, que, jusqu'à une époque assez rapprochée de nous, on n'avait reconnu dans la faune marine que deux divisions, caractérisées par les régions qu'elles hantent : la *faune littorale*, composée des organismes qui vivent le long des côtes entre les limites de balancement des marées et dans les eaux peu profondes situées dans le voisinage immédiat des rivages : les animaux qu'elle comprend sont surtout marcheurs, rampeurs, fouisseurs, perfo-rants, etc., et la *faune pélagique*, renfermant les ani-maux peuplant toute l'étendue des mers, qui vivent au large, donc habituellement à une distance assez considérable des côtes et vers la surface: les animaux pélagiques sont essentiellement nageurs. Il est bien évident que la connaissance de cette faune est beau-coup plus récente que celle de la première.

Reprenons l'examen détaillé de ces deux faunes, pour en étudier la composition aux temps actuels et, à l'occasion, dans les temps géologiques, pour en découvrir l'origine et pour fixer, autant que possible, les caractères des milieux dans lesquels elles vivent. Nous commencerons par la faune littorale, qui est la plus familière à tout le monde.

CHAPITRE II

LA FAUNE LITTORALE

I. GÉNÉRALITÉS [1]

I. Conditions de la vie littorale.

Selon le professeur Lovèn, l'illustre zoologiste suédois, la région littorale comprend ces zones favorisées de la mer où la lumière et l'ombre, une température choisie, des courants variables en intensité et en direction, une riche végétation s'étendant sur de grandes surfaces, une abondance de nourriture, de proies à capturer, d'ennemis à combattre et à éviter, constituent une multitude d'agents susceptibles de mettre en jeu les tendances à varier que possède chaque espèce, et de modifier ses divers organes pour mieux les adapter aux conditions extérieures. Dans la zone littorale encore, l'eau est plus que partout ailleurs favorable à la respiration, à cause de l'aération continuelle produite par le brisement des vagues contre le rivage. C'est dans la région littorale que se dévelop-

---

[1] H.-N. Moseley, The Fauna of the Sea-Shore (*Nature*, 1885).

pèrent probablement les premières plantes qui, fournissant aux animaux une subsistance suffisante, permirent la colonisation de cette région.

Les animaux habitant la zone littorale sont adaptés de la manière la plus variée pour combattre et pour endurer les conditions physiques qu'ils ont à supporter : l'action des tempêtes, le retrait de la marée, leurs nombreux ennemis. Ils s'enterrent dans le sable, s'accrochent aux rochers ou percent même ceux-ci de cavités dans lesquelles ils s'abritent. D'autres sécrètent des coquilles résistantes ou de véritables cuirasses, et il est même vraisemblable que c'est dans la région littorale que le squelette de tous les Invertébrés marins s'est développé, et cela dans un but de protection. On remarque, en effet, que ces charpentes squelettiques sont en voie de disparaître, ou ont même totalement disparu, chez les animaux pélagiques et abyssaux.

II. Vie larvaire des êtres littoraux.

1. *Mollusques*. — Presque tous les animaux littoraux passent, durant les premiers stades de leur développement, par l'état de larves nageant librement et offrant véritablement l'aspect d'animaux pélagiques.

L'Huître commune nous présente un exemple facile à constater de ce phénomène. Les œufs de ce Mollusque donnent naissance à un embryon auquel on a attribué le nom de *Trochosphère* ; il a une forme globulaire et sa surface est divisée en deux régions d'inégale étendue par une couronne de cils. La bouche s'ouvre dans la plus petite portion de la surface.

Cette larve nage activement au moyen de ses cils.
Après un certain temps, il se sécrète une paire de
valves, l'embryon (fig. 1 à 4) devient Huître et s'attache définitivement, par une des deux moitiés de la

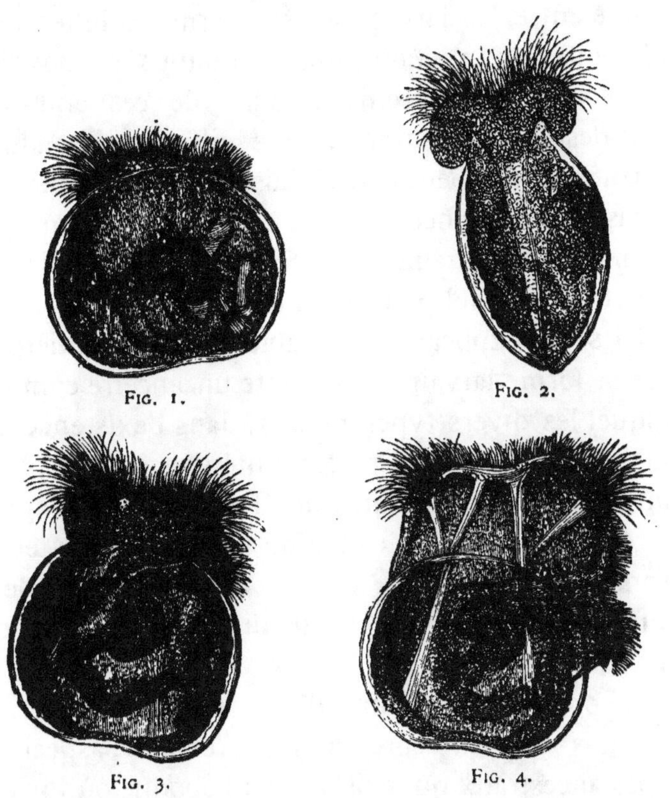

<table>
<tr><td>Fig. 1.</td><td>Fig. 2.</td></tr>
<tr><td>Fig. 3.</td><td>Fig. 4.</td></tr>
</table>

Huîtres venant de sortir du manteau de la femelle, grossies cent quarante
fois environ. Les figures 1, 2 et 3, sont vues par un de leurs côtés. Dans
les trois derniers, le bourrelet, pourvu de ces cils natatoires et des muscles qui le meuvent, est extérieur aux valves et proémine au-dessus de
la bouche, qui elle-même est ciliée.

coquille, sur le fond de la mer. La coquille continue
ensuite à croître en volume et en épaisseur et constitue
une protection sérieuse contre les ennemis de l'Huître.

La *Trochosphère*, dont nous venons de parler, se

rencontre également dans le développement d'un grand nombre d'autres Mollusques et on l'observe aussi chez les Vers, parmi les Annélides. C'est une chose extrêmement curieuse que cette ressemblance étroite entre les larves de deux formes adultes aussi différentes qu'un Mollusque et qu'un Ver. On disait autrefois que l'extrême mobilité de ces embryons était destinée à assurer la large diffusion des adultes sédentaires ou peu actifs. Mais, si tel est réellement le cas, il serait inconcevable que ces larves qui proviennent d'animaux si différents aient acquis une structure à un tel point identique.

La seule explication probable en cette matière est que la forme larvaire représente un ancêtre commun duquel les divers types adultes, dans l'existence desquels l'embryon n'est plus maintenant qu'une phase, ont divergé. Il y eut ainsi une forme souche nageant librement dans la mer et d'où les Mollusques et les Annélides, ainsi que, sans doute, la totalité de la faune littorale, doivent avoir tiré leur origine à une époque très reculée.

Le professeur Balfour [1] dit en parlant des formes larvaires qu'elles représentent sûrement l'aspect des types ancestraux qui existaient à l'époque où tous les animaux marins nageaient librement dans la mer.

2. *Végétaux.* — Il semble également que les premiers ancêtres de toutes les plantes furent aussi des êtres nageant librement. Bien certainement, ces êtres habitaient la haute mer, menant une existence péla-

---

[1] Balfour, *Traité d'embryologie et d'organogénie comparées*, trad. par A.-H. Robin et F. Mocquard, Paris, 1883-1885.

gique, et fourmillaient dans les baies, le long des côtes, comme le font actuellement les larves des animaux littoraux. Les plantes libres produisirent graduellement des descendants fixés qui permirent la colonisation des rivages, et les animaux trouvant là une abondante source de nourriture, s'adaptèrent progressivement aux conditions les plus compliquées de la vie littorale.

3. *Crustacés.* — Un cas qui semble constituer une application directe de ces idées nous est fourni par les Balanes dont les petites constructions blanches s'observent si fréquemment à la surface des moules.

Ces Crustacés, à l'état adulte, sont solidement attachés à des soutiens de diverses natures et résistent aux assauts les plus violents des vagues. Les Balanes communes couvrent les rochers les plus nus et les plus exposés de nos côtes, où la mer est le plus terrible, et elles ne sauraient vivre ailleurs. Aussi ont-elles sécrété des coquilles extrêmement solides pour se protéger.

A l'état larvaire cependant, elles offrent l'aspect ordinaire d'embryons de Crustacés nageant librement, embryons évidemment adaptés à la vie pélagique et qu'on trouve fourmillant à la surface. Elles se fixent ultérieurement et, s'entourant d'une enveloppe résistante, deviennent ainsi complètement sédentaires.

On ne saurait douter que, dans cet exemple, la larve libre représente la forme ancestrale, car il existe encore aujourd'hui un grand nombre de Crustacés lui ressemblant à l'état adulte.

4. *Échinodermes*. — L'examen des Échinodermes, Oursins, Étoiles de mer, Ophiures, Holothuries, Crinoïdes, conduit de son côté aux mêmes conclusions. En effet, ces animaux sont bien différents si l'on se borne à considérer les adultes, et pourtant, ils passent tous par une forme larvaire, très mobile, identique pour les divers groupes. Encore une fois, si nous voyons dans les types adultes des formes archaïques et dans les larves des formes secondaires, il nous est impossible d'expliquer comment des animaux si divers ont donné indépendamment naissance à des embryons si ressemblants. Non, cette larve n'est autre chose que la reproduction de la souche pélagique aux dépens de laquelle les Échinodermes se sont développés durant les temps géologiques.

5. *Éponges*. — Les Éponges, inertes et fixées, qui nous représentent bien le type de l'immobilité, tirent cependant leur origine de larves ciliées nageant librement dans la mer.

A ce propos, le professeur W.-J. Sollas a fait la curieuse observation que les embryons de l'éponge appelée *Oscarella lobularis* restent plus longtemps à l'intérieur du corps de la mère, sur les spécimens habitant les côtes de la Grande-Bretagne que sur ceux qu'on trouve dans la Méditerranée. Le savant naturaliste anglais attribue cette sortie prématurée de la larve à la plus grande tranquillité de l'eau et à l'absence de marées dans cette dernière mer. Les embryons sont plus longtemps protégés, au contraire, là où ils ont des chances d'être détruits par les courants ou la marée.

Il est probable que c'est sous l'influence de circonstances analogues que le stade de larve nageant librement disparaît ou tend à disparaître. C'est ainsi que, chez les animaux abyssaux, par exemple, il sera un jour définitivement exclu de leur développement. Déjà Hoek a constaté que, chez un Cirripède de mer profonde, la forme *Nauplius*, larve commune à presque tous les Crustacés, est supprimée, au moins en tant qu'embryon susceptible de se mouvoir en dehors des enveloppes de l'œuf.

6. *Coraux*. — Un des meilleurs exemples de l'adaptation à la vie littorale d'animaux provenant d'ancêtres pélagiques, nous est fourni par les Madrépores, ces fameux constructeurs des récifs coralliens. En effet, chaque colonie de coraux prend naissance aux dépens d'une larve appelée *Planula*, sorte d'embryon ellipsoïdal nageant activement au moyen de cils vibratiles qui le recouvrent uniformément. Au bout d'un certain temps, cette larve se fixe, se transforme en polype, acquiert un squelette dur et, par bourgeonnement, produit une grande colonie.

Ces colonies massives, ainsi développées et consolidées, constituent des récifs qui sont de véritables barrières pour les vagues. Elles vivent dans l'eau qui se brise sur elles, s'y aérant ainsi d'une manière spéciale qui facilite la respiration et elles retiennent entre les branches de l'association les petits êtres pélagiques dont elles se nourrissent. L'avantage réalisé par cette combinaison doit être considérable, car les Madrépores forment actuellement d'innombrables îles dans l'océan Pacifique : c'est probablement aussi la raison pour laquelle il n'y a pas de colonies de coraux dans les abysses, là où pourtant les autres colonies animales abondent.

7. *Vertébrés*. — Les Vertébrés entrent également pour une large part dans la faune littorale. Leur origine est encore obscure. Néanmoins, tout semble indiquer qu'ils proviennent d'une forme souche très simple menant une existence pélagique ; c'est, notamment, ce que tend à faire supposer la *Gastrula* ciliée observée dans le développement de l'*Amphioxus* (un stade embryogénique identique, consistant en deux sphères tangentes intérieurement avec une perforation — bouche — au point de contact, précède la *Trochosphère* et se rencontre chez presque tous les animaux). De cette *Gastrula* ciliée se forme l'*Amphioxus*, un des éléments les plus intéressants de la faune de nos côtes et le plus primitif de tous les Vertébrés.

8. *Ascidies*. — Les Ascidies qui, à l'état adulte, habitent les rivages, où elles constituent des sortes de sacs informes, inertes, appelés vulgairement *outres de mer*, proviennent de larves pélagiques qui ont déjà la structure caractéristique des Vertébrés, et dont l'œil, placé non à la surface du corps, mais directement sur le cerveau, n'est compréhensible que pour un animal transparent, tel qu'on en voit dans la haute mer.

Les Ascidies, avant de passer par l'état de têtard qui leur est commun avec les Vertébrés, traversent aussi le stade *Gastrula*. Ainsi, ces animaux, actuellement littoraux, étaient d'abord pélagiques. D'autres Tuniciers, au contraire, les Appendiculaires, ne se sont jamais adaptés à la vie de rivage et n'ont point subi la dégénération propre aux Ascidies.

L'appareil respiratoire des Vertébrés consistant, au moins dans son état primitif, en des fentes transversales situées dans la portion antérieure des parois du tube digestif, n'existe nulle part ailleurs dans le règne animal que chez les Tuniciers et aussi chez un très curieux Ver, le *Balanoglossus*. Dans ces trois groupes, l'eau destinée à la respiration est introduite par la bouche et rejetée par les ouvertures branchiales. Des recherches de M. W. Bateson ont d'ailleurs démontré que ce n'est pas seulement par les organes de la respiration que le *Balanoglossus* se rapproche des Vertébrés et des Tuniciers.

Quoi qu'il en soit, ce Ver intéressant est actuellement limité aux rivages, où il s'enterre dans le sable, et cependant il se développe aux dépens d'une larve pélagique *(Tornaria)*, rappelant à la fois la *Trochosphère* et un embryon d'Étoile de mer.

Il est bien possible que cette singulière *Tornaria* qui a déjà défié la sagacité de tant d'éminents naturalistes, nous représente la souche commune d'où provinrent les Annélides, les Échinodermes et les Vertébrés.

Quant à l'origine de la forme si spéciale des organes de respiration, on peut présumer qu'elle a pris naissance dans la région littorale, chez un type tel que le *Balanoglossus*, s'enterrant dans le sable, dans lequel les échanges gazeux entre le sang et le milieu ambiant se firent le plus facilement dans le voisinage de la surface, c'est-à-dire dans la portion antérieure du corps.

Il n'est pas impossible que l'*Amphioxus* ait possédé un jour, dans son développement, après la *Gastrula,* un stade *Tornaria,* actuellement disparu ; c'est ce que fait penser une espèce de *Balanoglossus* pour laquelle ce stade n'existe plus. Nous ne connaissons d'ailleurs que l'embryogénie d'une espèce d'*Amphioxus,* et il se peut que l'étude des autres nous ménage bien des surprises.

III. Dispersion de la faune littorale : la faune terrestre.

La zone littorale n'est pas seulement importante parce qu'elle est le siège d'une grande quantité d'êtres spécialement adaptés à la vie de rivage, mais encore parce qu'elle est la source d'où sont sortis beaucoup d'animaux des autres régions. C'est ainsi que la faune terrestre tout entière doit être considérée comme une colonie fondée par la zone littorale.

1. *Vertébrés.* — Tout Vertébré terrestre, batracien, reptile, oiseau, mammifère, porte, dans les premiers stades de son développement, la trace des fentes branchiales qui perforaient la gorge de ses ancêtres. Le têtard s'en sert encore aujourd'hui, lorsqu'il est jeune, pour respirer, quoiqu'elles se ferment chez la grenouille adulte et, dans les Vertébrés supérieurs, avant la fin de la vie embryonnaire.

Chez quelques Amphibiens urodèles, comme

l'Axolotl, la respiration a lieu tout à la fois par des branchies externes, sortes de touffes placées de chaque côté de la tête, et par des poumons, qui ne sont autre chose qu'une modification de la vessie natatoire des Poissons.

De plus, chez l'Axolotl, les fentes branchiales restent ouvertes, quoiqu'elles n'aient plus à accomplir aucune fonction respiratoire, et ceci va nous montrer comment a pu être causée leur fermeture ultérieure.

Observons, en effet, cet animal lorsqu'il se nourrit, dans un aquarium, de vers de grandes dimensions : il saisit la proie brusquement et ferme immédiatement la bouche. Mais parfois le ver s'engage dans une des fentes branchiales par laquelle il sort. Lorsqu'il passe suffisamment par cette ouverture, l'Axototl a, dans ses fentes branchiales, une source considérable d'ennuis et si, pour une cause quelconque, un certain nombre de ces animaux naissait avec des fentes fermées, il jouirait, par rapport aux autres, de sérieux avantages. C'est le cas de la grenouille, qui a, elle, la gueule complètement fermée.

Les Vertébrés sont, d'ailleurs, ainsi que nous l'avons fait entendre plus haut, les seuls animaux qui respirent par la bouche. Tous les autres ont des ouvertures séparées pour la respiration et pour l'introduction des aliments. Le limaçon a une ouverture respiratoire bien distincte de la bouche. Le crabe terrestre respire par des ouvertures situées à la base des pattes, le scorpion par d'autres placées sur son abdomen, l'insecte par de nombreux trous, situés sur les côtés du corps. Ces animaux ne sauraient donc, comme l'homme, « s'étrangler » en buvant ou en mangeant.

Les Vertébrés terrestres pentadactyles se sont seuls adaptés complètement à la respiration aérienne, mais plusieurs poissons ont, par une modification spéciale de leurs branchies, acquis la possibilité de rester un temps indéfini hors de l'eau.

Le plus remarquable de ceux-ci est le *Periophthalmus*, de la famille des *Gobiidæ*, qui habite les flaques de boue sur les rivages de l'Australie, de Ceylan, de Fidji et d'autres régions du Pacifique. Il saute avec la plus grande facilité, et cela à un tel point qu'il est difficile à capturer. Ce poisson grimpe même aux arbres, sur les branches desquels il perche en quelque sorte.

Disons en passant que tous les modes de respiration aérienne dérivent d'un appareil respiratoire aquatique.

Il convient pourtant d'en excepter peut-être les trachées, qui, comme semble le montrer le *Peripatus*, proviennent vraisemblablement de glandes de la peau qui se seront spécialisées.

Les animaux littoraux les plus variés se sont sans doute graduellement adaptés à la vie terrestre sous l'influence des marées qui les laissaient à sec.

2. *Crustacés.* — Les Crustacés semblent être doués de la plus grande facilité à se servir de la respiration aérienne, par une légère modification de leur appareil branchial qui agit alors comme des poumons. Rien n'est plus étonnant pour le naturaliste qui parcourt les contrées tropicales, que de rencontrer, au milieu de la végétation, dans l'intérieur des terres et même sur

les plus hautes montagnes, des crabes ainsi transformés.

Ces crabes ne sont point, d'ailleurs, confinés aux
tropiques; car on en a observé au Japon, à une éléva-
tion de quatre mille pieds au-dessus du niveau de
la mer.

De tous les Crustacés dont il vient d'être question,
le plus remarquable est assurément le Crabe larron
(*Birgus latro*) des îles Philippines. C'est un énorme
Pagure dont les branchies, ainsi que l'a démontré le
professeur Semper, de l'université de Wurtzbourg, se
sont considérablement réduites en volume, pendant
que les parois de la cavité branchiale se sont fortement
vascularisées, faisant de cette dernière un véritable
poumon.

Lorsqu'on étudie son organisation, on voit que,
primitivement, il constituait un véritable Bernard
l'Ermite, mais que les dimensions considérables
auxquelles l'a amené une vie trop facile ont fini par
l'empêcher de trouver une coquille de capacité suffisante pour cacher son abdomen, qui, par compensa-
tion, s'est couvert de plaques résistantes. Le Crabe
larron grimpe, dit-on, aux cocotiers, dont il détache
les fruits qui servent à sa nourriture, tandis que les
matières filandreuses de la coque sont utilisées par
lui pour garnir le nid qu'il se creuse dans le sol.

D'autres Bernard l'Ermite voisins, mais de plus
petite taille et possédant aussi des mœurs terrestres,
abondent dans les îles du Pacifique. Ils cachent tous
leur abdomen dans une coquille qu'ils emportent
avec eux sur les arbres et dans les buissons où ils

grimpent. Le professeur Moseley, de l'Université d'Oxford, nous raconte qu'il en saisit un, placé au sommet d'une branche, par sa coquille, croyant capturer un Mollusque terrestre, et que son étonnement fut grand quand il vit sortir de l'ouverture béante les pointes tranchantes d'une paire de pinces.

3. *Arachnides et Insectes.* — Les plus anciens animaux connus à respiration aérienne sont, autant que les restes fossiles nous permettent d'en juger jusqu'à présent, les Scorpions et les Insectes.

Un insecte voisin des Blattes et plusieurs Scorpions, assez différents, il est vrai, des Scorpions actuels, ont été recueillis dans les couches siluriennes.

Les étroites affinités qui unissent les Scorpions avec la Limule, ou Crabe des Moluques, ont été bien mises en lumière par le professeur Ray-Lankester. L'éminent professeur de l'Université de Londres suggère que les poumons au moyen desquels respirent les Scorpions ne sont qu'une transformation des lamelles branchiales de la Limule, qui ont été retournées en vue de la vie aérienne ; les stigmates des Scorpions correspondent, d'ailleurs, en nombre et en position aux lamelles branchiales des Limules.

Il résulterait de là que les Scorpions, et avec eux les autres Arachnides, seraient descendus d'une forme ancestrale voisine de la Limule et des Euryptérides (groupe éteint voisin des Limules), en passant d'une existence littorale à une existence terrestre.

4. *Oiseaux.* — Les oiseaux furent peut-être d'abord des êtres littoraux et ichtyophages. En effet, les Oiseaux dentés *(Odontornithes)*, découverts par le pro-

fesseur Marsh, de New-Haven (Connecticut), dans la formation crétacée, tels que *Hesperonis* et *Ichthyornis*, étaient aquatiques et fréquentaient les eaux salées.

Hesperornis vivait dans une mer tropicale peu profonde qui baignait les montagnes Rocheuses actuelles, lesquelles ne constituaient alors qu'un groupe d'îles.

Les Pingouins d'aujourd'hui, également marins, se montrent très primitifs dans la structure de leurs pattes, qui rappellent celles des Reptiles ; il n'est pas douteux que l'histoire de leur développement embryonnaire jettera un grand jour sur les relations des Oiseaux.

IV. Dispersion de la faune littorale : la faune pélagique.

La faune littorale n'a pas seulement donné naissance à la faune terrestre et à la faune d'eau douce, mais elle a aussi fourni, par retour, des éléments à la faune pélagique.

De même, la faune terrestre, après être totalement dérivée de la faune littorale, lui a renvoyé une partie de ses habitants, comme le témoignent manifestement certains oiseaux de rivages, les phoques et l'ours blanc, certains mollusques, etc. Bien plus, la faune terrestre a contribué, dans une faible mesure il est vrai, à la constitution de la faune pélagique, ainsi que le prouve la présence des Cétacés et d'un petit insecte, l'*Halobates*, dans la haute mer.

V. Dispersion de la faune littorale : la faune abyssale.

La faune abyssale a vraisemblablement été formée, dans une antiquité très reculée, aux dépens de la faune littorale, à l'époque où les débris littoraux et pélagiques devinrent assez abondants dans le fond des mers pour pourvoir à la subsistance d'êtres animés.

VI. Conclusion.

Ce fut dans la région littorale que toutes les grandes divisions zoologiques se formèrent ; tous les êtres terrestres et abyssaux ont passé par une phase littorale, et c'est parmi les habitants des rivages que la récapitulation, dans l'embryogénie, du développement phylogénétique effectué au cours des âges géologiques a été le mieux préservée. Voilà pourquoi les recherches poursuivies dans les stations zoologiques marines établies sur les côtes ont, durant les dernières années, donné de si brillants résultats.

Ces généralités étant connues, nous pouvons parler d'un *type littoral éteint* extrêmement intéressant, et qui a fait ailleurs, de notre part, l'objet d'études approfondies : *le Pachyrhynque.*

II. LE PACHYRHYNQUE

I. *Historique*. — En 1881, l'un de nos maîtres vénérés, M. le professeur J. Gosselet, envoyait pour examen au Musée royal d'histoire naturelle de Bruxelles divers fragments d'un Chélonien provenant du landénien inférieur d'Erquelinnes. M. L. F. de Pauw, alors contrôleur des ateliers, s'occupa de leur restauration, et je pus bientôt après reporter à la Faculté des sciences de Lille les pièces osseuses aussi complètement reconstituées que le permettait leur état.

Depuis cette époque, le musée de Bruxelles acquit, à plusieurs reprises, des ossements extraits des sablières d'Erquelinnes, entre autres des restes d'au moins quatorze individus de la tortue signalée pour la première fois par M. Gosselet. Bon nombre de ces individus ont pu être remontés après une préparation appropriée; ils figurent dans les galeries du musée (salle d'Anvers).

II. *Gisement*. — Au sud de la Belgique, le long de la frontière française, au nord-ouest d'Erquelinnes, de grandes sablières ont été ouvertes sur les territoires belge et français, pour l'exploitation du sable nécessaire aux scieries de marbres établies près de là à Jeumont.

Sauf de petits détails, les coupes que l'on peut relever dans ces sablières sont identiques et se réduisent, selon M. Rutot, à la série suivante prise de haut en bas :

1 Limon hesbayen.. . . . . o à 4 mètres
2. Sables jaunâtres ou verdâtres stratifiés horizontalement, devenant de plus en plus argileux à mesure qu'on s'élève. 4 mètres
3. Masse sableuse, à grains grossiers, à stratification oblique et entrecroisée indiquant à l'évidence une origine fluviale, renfermant à sa partie supérieure de grandes masses lenticulaires de marne blanche ou grise, avec nombreuses empreintes de végétaux (roseaux, feuilles d'arbres dicotylédonés), et terminée à sa base par un épais gravier de silex et autres éléments roulés. . . 8 mètres

4. Sable brunâtre, argileux vers le haut, meuble vers le bas
et terminé à sa base par une ligne de gravier horizontale,
renfermant une grande quantité de dents de squales et
de restes de tortues. . . . .   1 mètre
5. Sable jaunâtre, meuble, demi-gros, régulièrement stra-
tifié, avec traces de tubes d'Annélides et renfermant
parfois, dans ses parties les moins altérées, une huître
(*Ostrea bellovacina*) et des dents de requins. . . .   5 mètres
6. Craie blanche (épaisseur indéterminée).

Les ossements du Pachyrhynque ont été rencontrés
dans la couche 4, c'est-à-dire à une profondeur d'une
quinzaine de mètres au-dessous de la surface du sol.
A quel âge géologique appartient-il? Pour répondre
à cette question, dressons un petit tableau des formations tertiaires en Belgique; c'est le seul moyen d'apprécier l'antiquité relative du Reptile qui nous occupe.
Voici donc ce tableau :

PLIOCÈNE	supérieur.	. Scaldisien.		
	inférieur.	. Diestien.		
MIOCÈNE.	. Boldérien.	. Anversien.		
OLIGOCÈNE.	moyen. .	. Rupélien..	supérieur.	inférieur.
	inférieur.	. Tongrien.	supérieur.	inférieur.
ÉOCÈNE.	supérieur	Asschien.		
		Wemmélien.		
	moyen. .	Laekénien.		
		Bruxellien.		
	inférieur.	Panisélien	supérieur.	inférieur.
		Yprésien.		
		Landénien.	supérieur.	inférieur.
		Heersien.		
		Montien.		

Le Pachyrhynque a été recueilli dans les dépôts
appartenant au *landénien inférieur*, c'est-à-dire à la
partie inférieure du terme inférieur des formations

tertiaires. Il est donc incomparablement plus récent que le Hainosaure, dont nous parlerons plus loin, puisque ce dernier a été trouvé dans le crétacé, c'est-à-dire dans le terme supérieur des terrains secondaires.

Rappelons que le landénien inférieur correspond exactement à la partie supérieure des sables de Bracheux, c'est-à-dire aux sables de Châlon-sur-Vesle.

III. *Structure et position dans le règne animal.* — Nous avons dit que le Pachyrhynque était un Chélonien. Voyons à présent dans quelle catégorie de ces Reptiles il vient se ranger.

Quoique cette classification ne soit pas très naturelle, on peut, pour la facilité, grouper les tortues de la manière suivante. En premier lieu, les *Chersites* ou tortues terrestres ; puis viendraient les tortues de marécages ou *Élodites;* à celles-là succéderaient les tortues fluviales ou *Potamites;* puis, enfin, les tortues marines ou *Thalassites.* Reprenons chacune de ces familles pour en dire quelques mots.

Le groupe des *Chersites* n'est pas lui-même parfaitement limité, car on connaît des passages entre les tortues terrestres et celles des marais. Quoi qu'il en soit, le corps des premières est court, ovale, bombé, couvert d'une carapace (dorsale) et d'un plastron (ventral). Comme chez toutes les tortues, il y a quatre pattes et point de dents.

Les pattes sont courtes, informes, à peu près d'égale longueur, à doigts peu distincts, presque égaux, immobiles, réunis par une peau épaisse et confondus en une sorte de masse tronquée, calleuse au pourtour, et en dehors de laquelle on distingue seulement des étuis de corne, sortes de sabots qui, pour la plupart, correspondent aux dernières phalanges qu'ils emboîtent, et prouvent à eux seuls que leurs propriétaires vivent uniquement sur la terre et jamais dans les eaux.

Toutes les espèces de cette famille ont la partie moyenne, ou principale, du corps couverte d'une carapace très bombée, quelquefois plus haute que large, sous laquelle peuvent se retirer la tête, les pattes et la queue.

A l'exception du genre *Cinixys*, toutes les Chersites ont le bouclier supérieur formé de pièces osseuses tellement engrenées par leurs sutures, qu'elles ne sont susceptibles d'aucune sorte de mouvement, et qu'elles présentent, en général, la voûte la plus résistante, la plus solide. Chez *Cinixys*, au contraire, la portion postérieure de la carapace peut se mouvoir et s'appliquer contre le plastron ou s'en éloigner.

Le plastron lui-même offre plusieurs particularités remarquables ; les pièces qui le composent forment un tout solide. Il y a plusieurs Chersites chez lesquelles le plastron est doué de mobilité, soit dans sa partie antérieure, soit dans sa région postérieure. Le plastron est rarement aussi long que la carapace.

Parmi tous les Chéloniens, c'est dans la famille des Chersites que les pièces composant la boîte osseuse offrent généralement le plus d'épaisseur et le plus de poids relatif, même après la dessiccation.

Il est bon aussi de remarquer que toutes les parties de ce coffre osseux des tortues terrestres sont complètement solidifiées avant que l'animal soit parvenu à l'état adulte, ce qui n'a pas lieu chez certaines Élodites en particulier, et ce qui n'arrive ni aux Potamites, ni aux Thalassites.

La carapace des Chersites est recouverte de treize plaques cornées, non imbriquées. La tête est courte, épaisse, à quatre pans. Les ouvertures externes des narines sont situées à l'extrémité du museau, immédiatement au-dessus du bord médian de l'étui corné de la mâchoire supérieure.

Toutes les Chersites ont les yeux placés de côté et à fleur de tête. La queue, qui est munie d'écailles tuberculeuses placées dans l'épaisseur de la peau, varie beaucoup pour la longueur et la forme.

Les femelles sont, en général, plus grosses que les mâles, et ceux-ci ont le plus souvent la queue épaisse à la base et, relativement à l'autre sexe, un peu plus longue. Les œufs sont sphériques, presque régulièrement semblables à des billes ; la coque de ces œufs est assez solide, et elle n'est pas flexible comme chez les serpents.

Quant au genre de vie des Chersites, quoiqu'elles n'aillent jamais à l'eau, c'est souvent dans son voisinage qu'on les rencontre. Elles vivent dans les bois ou dans les lieux bien fournis d'herbes ; elles se creusent peu profondément dans le sol des sortes de terriers où, dans les climats tempérés, elles s'engourdissent durant la saison froide. C'est aussi dans un trou qu'elles déposent leurs œufs, dont elles ne prennent pas plus de soin que des petits qui en proviennent. Elles se nourrissent de Mollusques terrestres et principalement de végétaux.

Les espèces de la famille des Chersites sont répandues sur presque toutes les parties du globe.

Les *Élodites* sont des Tortues qui habitent les lieux marécageux. La conformation de leurs pattes, dont les doigts sont distincts et mobiles, garnis d'ongles crochus, et dont les phalanges sont réunies à la base au moyen d'une peau flexible qui leur permet de s'écarter les unes des autres tout en conservant leur force et en présentant une plus grande surface, les rend capables de marcher sur la terre, de nager à la surface des eaux et dans leur profondeur, en même temps qu'elles peuvent s'accrocher et grimper sur les rivages des lacs et des autres eaux tranquilles, où la plupart font leur demeure habituelle.

Les Élodites différant beaucoup plus entre elles que les Tortues des trois autres familles en général, on les a divisées en deux sous-familles : les *Cryptodères* et les *Pleurodères*.

Les Cryptodères ont le cou cylindrique et à peau lâche, engainante et mobile par son peu d'adhésion aux muscles ; il peut se retirer en entier sous le milieu de la carapace. Leur tête est à peu près conique et les yeux sont placés latéralement.

Les Pleurodères ont la tête déprimée, les yeux situés en dessus et dirigés obliquement vers le ciel. Leur cou est un peu aplati de haut en bas, à peau étroite, serrée et adhérente aux muscles ; il peut être ramené sur un des côtés du corps. Enfin, le bassin est soudé au plastron, ce qui n'a pas lieu chez les Cryptodères.

Nous avons dit que toutes les pièces osseuses qui entrent dans la composition de la carapace et du plastron se soudaient d'assez bonne heure les unes aux autres chez les Tortues terrestres : cette règle n'est pas aussi générale chez les Élodites ; car, plusieurs d'entre elles, longtemps après leur naissance, laissent encore apercevoir et sentir au doigt des espaces cartilagineux entre les côtes ou entre les pièces du plastron. La carapace des Élodites est, comme celle des Chersites, recouverte de plaques cornées ; au lieu d'être bombée, comme chez ces dernières, elle est plus ou moins déprimée.

Les narines sont percées à l'extrémité du museau dans l'axe de la longueur de la face.

Pour le genre de vie, nous trouvons d'assez grandes différences entre les Élodites et les autres familles de Chéloniens. En effet, les tortues paludines sont loin d'offrir la lenteur des espèces terrestres. Dans l'eau, elles nagent même avec une certaine facilité, et sur la terre elles se transportent d'un lieu à un autre beaucoup plus promptement que les Chersites. Elles fréquentent les petites rivières dont le cours n'est pas trop rapide, les lacs, les étangs et les marais.

Elles ne se nourrissent pas comme les Tortues terrestres, et comme les marines, presque uniquement de substances végétales, mais bien, comme les fluviales, de matières animales donnant quelque signe de mouvement ou de vie. Elles font surtout la chasse aux Mollusques fluviatiles, aux Grenouilles et aux Salamandres, et elles recherchent aussi les Vers.

Il paraît que l'acte de fécondation se prolonge beaucoup, et que les sexes restent joints pendant plusieurs semaines chez les Élodites, mais à une seule

époque de l'année. Les œufs sont généralement sphériques, à coque calcaire et de couleur blanche comme
ceux des autres Chéloniens. Les femelles les déposent
dans des cavités peu profondes, qu'elles creusent
dans la terre, à peu près comme le font les Tortues
terrestres ; mais les Élodites préfèrent les rivages des
eaux où elles habitent, afin que les petits, au moment
où ils sortent de la coque, puissent plus facilement
se soustraire à la destruction qui les menace ; car
beaucoup d'animaux divers cherchent à s'en nourrir
à cette époque. Il ne paraît pas que les Tortues de
marais prennent plus de soin de leur progéniture, une
fois éclose, que la plupart des autres Reptiles. Le
nombre des œufs est fort considérable et varie suivant
les espèces.

On trouve des Tortues paludines dans le monde
entier.

Les *Potamites*, comme les Thalassites, sont forcées
de vivre constamment dans l'eau, où elles nagent
avec une facilité extrême, à l'aide de la surface très
élargie et presque plate de leur carapace, et surtout
au moyen de leurs pattes fort déprimées, dont les
doigts se trouvent réunis jusqu'aux ongles par de
larges membranes flexibles, ce qui a changé les
mains et les pieds en véritables palettes impropres à
la progression sur le sol, mais faisant l'office de véritables rames.

D'un autre côté, les Potamites se rapprochent des
Tortues paludines, en ce qu'on peut très bien distinguer, dans l'épaisseur de leurs pattes, les phalanges de chacun de leurs cinq doigts ; ces séries de

petits os jouissent de légers mouvements d'extension, de flexion ou de latéralité.

Ainsi que les Tortues de mer, les Potamites, comme nous le disions il n'y a qu'un instant, séjournent continuellement dans l'eau, mais elles habitent spécialement les grands fleuves. Quoique les pattes soient également des nageoires dans les deux familles, elles ne se ressemblent guère ; dans les Thalassites, les membres antérieurs sont, relativement aux postérieurs, d'une longueur double, et leurs doigts sont confondus en une masse dont tous les os aplatis semblent se toucher comme les éléments d'une mosaïque, serrés entre eux, maintenus qu'ils sont par une peau coriace ; tandis que, chez les Potamites, les os des pattes ne sont pas déformés; les pièces sont susceptibles d'un assez grand nombre de mouvements les unes sur les autres ; la peau qui les recouvre est lâche, molle et mobile, bien que ces pattes n'aient que trois ongles allongés, les deux autres doigts, quoique complets, restant cachés sous la peau.

Le cou des Potamites est généralement très allongé et protractile, la tête étroite par devant, pointue, avec les os presqu'à nu ; les mâchoires sont tranchantes et recouvertes d'une saillie de la peau qui forme un repli simulant des lèvres.

Les narines sont fort différentes de celles des Thalassites: chez les Tortues de mer, elles sont simples et leur orifice se voit dans la troncature antérieure du bec, tandis que, dans celles des fleuves, le canal nasal est prolongé en un tuyau court, ayant l'aspect d'une sorte de petite trompe mobile et qui fait l'office de boutoir.

Enfin, ainsi que nous le disions au début de ce paragraphe, la manière de vivre, comme l'organisation, le genre de nourriture et les habitudes qui en dépendent sont tout à fait différentes dans ces deux familles ; les Tortues marines se nourrissent presque exclusivement de racines et autres productions végétales, tandis que les fluviales font leur pâture de Poissons, des Reptiles et des Mollusques qu'elles poursuivent sans relâche.

Les différences sont moins tranchées entre les Tortues paludines et fluviales, mais il est à peine besoin de comparer les Potamites aux Tortues terrestres, tant est grand l'écart de leur conformation.

Il n'y a pas de plaques cornées sur la carapace des Potamites, qui est recouverte d'une peau coriace continue. Elles sont, avec les Thalassites, les seules chez qui le plastron offre un espace libre, non ossifié, dans sa portion centrale.

Jusqu'ici on n'a observé aucune espèce de Tortue fluviale dans les fleuves européens ; toutes celles qui ont été décrites et dont on connaît la patrie provenaient des rivières, des fleuves, ou des grands lacs d'eau douce des régions les plus chaudes du globe : du Nil et du Niger, en Afrique ; du Mississipi ou de l'Ohio et de leurs grands affluents, en Amérique.

Il paraît que quelques Potamites atteignent de grandes dimensions ; Pennant parle d'individus qui pesaient trente-cinq kilogrammes.

Le genre de vie et les mœurs de toutes les Tortues fluviales semblent avoir la plus grande analogie.

Comme elles nagent avec beaucoup de facilité à la surface et au milieu des eaux où elles sont habituellement plongées, le dessous de leurs corps reste généralement d'un blanc pâle, rose ou bleuâtre, comme étiolé ; mais leurs parties supérieures varient, pour les teintes, qui sont le plus souvent brunes ou grises, avec des taches irrégulières marbrées, ponctuées ou ocellées.

On raconte que, pendant les nuits tranquilles, les Potamites viennent se reposer sur les îlots des fleuves. Elles sont très voraces.

On les pêche pour la chair qui est estimée, mais les pêcheurs craignent leurs morsures.

Les mâles semblent être en moins grand nombre que les femelles. A l'époque de la ponte, celles-ci s'approchent des rivages pour y déposer leurs œufs au nombre de cinquante à soixante. Ces œufs sont de forme sphérique, leur coque est solide, mais membraneuse ou peu calcaire.

Les *Thalassites*, ou Tortues qui vivent dans les mers, ont été distinguées de toutes les autres espèces depuis l'antiquité ; c'est même d'après Aristote qu'elles sont nommées Thalassites. Elles renferment deux types radicalement différents : l'un qui a une carapace comme toutes les autres Tortues et une couverture de plaques cornées, c'est la Chélonée ; l'autre dont la carapace est indépendante des côtes et est recouverte d'une peau coriace continue; c'est la Tortue Luth.

Les pattes des Tortues marines, changées en

palettes, sont tellement déprimées que les doigts, quoique formés de pièces distinctes, ne peuvent exécuter les uns sur les autres aucune sorte de mouvements volontaires, et que cette nageoire n'est plus propre qu'à faire des efforts pour pousser vivement l'eau dans laquelle elle se meut.

Dans la carapace, les huit paires de côtes, même dans les individus adultes, ne sont pas élargies et soudées entre elles dans toute leur longueur. La courbure de la carapace est, d'ailleurs, toujours très faible et son contour est cordiforme. Le plastron n'est jamais ossifié dans la région centrale.

Les Thalassites sont les Tortues dont le corps acquiert les plus grandes dimensions. Il y a des Tortues Luth pesant 800 kilogrammes et des Chélonées atteignant 450 kilogrammes.

Les Tortues marines ne paraissent guère sortir de l'eau qu'à l'époque de la ponte.

Elles se nourrissent, ainsi que nous l'avons déjà mentionné, de plantes marines ; quelques-unes cependant absorbent des Céphalopodes (Sèches).

L'époque de la fécondation est fixe pour chaque espèce et l'accouplement dure longtemps (quinze jours). Les femelles, qui parcourent parfois un espace de cinquante lieues en mer, viennent alors sur les plages sablonneuses pour y déposer leurs œufs. Elles creusent des fosses de deux pieds de diamètre et y pondent jusqu'à deux cents œufs à la fois. Les œufs fécondés éclosent du quinzième au vingt-unième jour.

On rencontre les Thalassites dans toutes les mers des pays chauds.

Après avoir ainsi donné une idée exacte et bien définie de ce que sont les divers groupes de Chéloniens, nous pouvons examiner où il convient de placer le Pachyrhynque.

Et d'abord, le Pachyrhynque appartient à la famille des Thalassites par la nature de sa carapace et de son plastron. Dans cette famille, il ne peut être confondu avec la Tortue Luth, puisqu'il n'a pas de côtes indépendantes ; il faut donc le mettre près des Chélonées. Mais, est-ce une Chélonée véritable ? Je ne le crois pas et voici pourquoi.

Dans les Chélonées, la longueur du crâne dépasse sa largeur et sa hauteur ; dans les Pachyrhynques, il est très large et très plat.

Dans les Chélonées, les orbites sont latérales, de façon que leur bord inférieur est presque invisible quand on regarde le crâne en dessus, disposition qui dépend de la forte largeur de l'espace interorbitaire ; chez les Pachyrhynques, les orbites, outre qu'elles sont petites, ont un bord inférieur bien visible quand on examine le crâne de dessus, par suite de l'étroitesse de l'espace interorbitaire, structure qui permet aux yeux de voir en haut.

Chez les Chélonées, les narines sont situées dans un plan presque vertical ; chez les Pachyrhynques, elles sont situées dans un plan oblique.

Chez les Chélonées, les os du nez ne sont jamais séparés ; chez les Pachyrhynques, ils sont distincts.

Chez les Chélonées, la voûte palatine est très concave transversalement ; chez les Pachyrhynques, elle est presque plate.

Chez les Chélonées, la même voûte palatine est peu épaisse, translucide par places ; chez les Pachyrhynques, elle est extraordinairement épaisse.

Chez les Chélonées, le contour de la voûte palatine est parabolique ; chez les Pachyrhynques, il est triangulaire.

Chez les Chélonées, les narines sont situées dans le tiers antérieur du crâne ; chez les Pachyrhynques, elles sont réjetées dans le tiers postérieur.

Chez les Chélonées, la mandibule est solide, mais sans être massive ; chez les Pachyrhynques, elle est entièrement massive.

Chez les Chélonées, la symphyse mandibulaire (union des deux branches de la mâchoire inférieure au menton) est courte ; chez les Pachyrhynques, elle est longue, plate et forme plus de la moitié de la longueur totale de la mandibule.

Enfin, chez les Chélonées, la carapace est cordiforme ; elle est arrondie en arrière chez les Pachyrhynques.

Tous ces caractères et d'autres encore que nous ne pouvons rapporter ici, nous ont conduit à considérer la tortue d'Erquelinnes comme un type différent de *Chelonia* ; c'est pourquoi nous l'avons désignée sous le nom de *Pachyrhynchus*, pour rappeler la massivité du bec.

Malheureusement, nous ignorions que ce nom avait déjà été employé par les naturalistes pour d'autres animaux. Nous l'avons appris depuis, et puisque nous ne pouvons éviter de le changer, nous avons proposé, comme les Pachyrhynques sont si abondants à Erquelinnes, de les appeler à l'avenir *Erquelinnesia (Lyto-loma)*.

En résumé, la tortue d'Erquelinnes est une tortue marine d'un type nouveau et éteint, remarquable notamment par l'épaisseur de ses mâchoires.

IV. *Mœurs*. — Un mot encore sur les mœurs probables des Pachyrhynques ou Erquelinnésies.

La forme arrondie de la carapace, ainsi que les orbites réduites et plus ou moins dirigées vers le haut, indiquent vraisemblablement un *type littoral* et non pas pélagique, comme les Chélonées de nos jours.

D'autre part, l'admirable casse-noix constitué par l'appareil masticatoire, mû par des muscles temporaux énormes, établit sans conteste que la Tortue d'Erquelinnes se nourrissait de mollusques comme les *Trionyx* (Tortues fluviales) actuelles et peut-être encore plus exclusivement que ces dernières.

On trouve d'ailleurs, associées à ses restes, des quantités d'huîtres *bivalves* (c'est-à-dire ayant vécu là où on les rencontre) constituant de véritables bancs à sa portée.

V. *Enfouissement*. — Suivant M. Rutot, il y avait à Erquelinnes, à l'époque landénienne, le delta d'un fleuve. D'autre part, les ossements du Pachyrhynque sont parfaitement conservés et aussi beaux que ceux d'un animal actuel qu'on viendrait de préparer, sans compter qu'on les a trouvés dans leurs connexions anatomiques. Donc, le Pachyrhynque a dû être enfoui rapidement après sa mort, sinon on retrouverait les ossements disjoints et même roulés.

Notre spécimen aura trouvé la mort en descendant

le fleuve et aura été transporté par le courant jusque dans la mer. Là, il s'est bientôt recouvert d'une couche de sable, dans laquelle s'est poursuivie la fossilisation.

VI. *État du sol.* — Selon M. Rutot, à l'époque landénienne inférieure, la mer, qui couvrait toute la région occidentale et centrale de la Belgique, s'avançait vers l'est, au delà de Bruxelles, presque jusqu'à Thuin, Charleroi, Waremme et Tongres. Plus de la moitié du territoire actuel était, par conséquent, sous l'eau.

VII. *Contemporains.* — Le Pachyrhynque avait, avant tout, comme contemporains, deux autres Sauropsides : le *Gastornis*, oiseau gigantesque dont nous avons parlé ailleurs et le *Champsosaure,* singulier lézard aquatique, rappelant le gavial par son aspect.

Selon M. Lemoine, il faudrait y joindre parmi les Mammifères : *Arctocyon, Hyænodictis, Lophiodochœrus, Pleuraspidotherium, Plesiadapis, Adapisorex, Neoplagiaulax ;* parmi les Oiseaux : *Remiornis, Eupterornis ;* parmi les Reptiles : des Caïmans, des *Trionyx,* des Lézards, et parmi les Poissons : des Sparoïdes, des Amiadés, des Requins et des Raies.

VIII. *Dimensions.* — La Tortue d'Erquelinnes a une carapace mesurant environ 60 centimètres. Elle n'est donc pas de très grande taille pour une Tortue marine.

CHAPITRE III

LA FAUNE PÉLAGIQUE

I. GÉNÉRALITÉS [1]

1. *Définition de la faune pélagique*. — Le terme *pélagique*, tel que des naturalistes l'emploient usuellement en parlant des êtres vivants, sert à désigner les animaux et les plantes qui habitent, loin des côtes, les eaux superficielles des mers et des océans.

De même, précisément, que les continents, les rivages et les abysses sont peuplés par un ensemble d'organismes spécialement adaptés aux conditions du milieu dans lequel ils vivent, les eaux superficielles sont aussi fréquentées par une faune et une flore caractéristiques.

Les modifications de structure que les êtres composant cette faune et cette flore exhibent, comme adaptation du milieu ambiant, sont des plus intéressantes et des plus remarquables.

La faune pélagique comprend donc les hôtes de l'Océan entier, à l'exception de ceux limités au fond ou aux rivages ; c'est-à-dire qu'il sera question ici des habitants d'une surface égale aux trois quarts de la terre.

[1] H.-N. Moseley, Pelagic life (*Nature*, 1882).

A l'égard du nombre, les animaux pélagiques surpassent probablement tout le reste du règne animal
réuni. L'abondance de la vie est si extraordinaire à la
surface de l'Océan, que, dans certaines circonstances,
l'eau se trouve décolorée sur une étendue de plusieurs
milles et que les couches superficielles sont littérale-
ment remplies de petits organismes.

II. *Végétaux pélagiques*. — L'existence des animaux
pélagiques dépend directement de celle des plantes
pélagiques. La vie animale ne peut, en effet, exister
qu'à la condition d'avoir pour base une nourriture végétale, et la première substance vivante qui exista
doit avoir été capable de s'alimenter directement aux
dépens du règne minéral ; elle doit avoir été, par conséquent, au moins physiologiquement, une plante.
Cela posé, en beaucoup de régions, la mer fourmille
de vie végétale.

Dans les régions polaires, les Diatomées abondent
au point de rendre l'eau épaisse comme une soupe.
Lorsqu'on jette un filet fin dans une telle eau, il se
remplit d'une masse gélatineuse qui, pressée dans la
main, ne tarde pas à laisser comme résidu une immense quantité de squelettes de ces algues microscopiques.

Dans les mers tempérées et chaudes, les Diatomées, quoique plus rares, sont néanmoins présentes ;
cependant elles sont en grande partie remplacées par
d'autres algues minuscules, les *Oscillatoriæ*. Comme
les naturalistes de l'expédition du *Challenger* passaient
entre l'Australie et la Nouvelle-Guinée, ils observèrent
une quantité énorme de ces dernières algues. Dans

l'Atlantique, ils en virent d'autres *(Trichodesmium)* brillant dans l'eau comme des paillettes de mica. C'est de ces beaux végétaux que se nourrissent les animaux les plus simples, aux dépens desquels subsistent ceux d'une organisation plus élevée. D'autre part, cette base de la vie animale se trouve augmentée par les débris organiques flottés, poussés des rivages vers la pleine mer.

III. *Symbiose*. — Cependant, nous dit le professeur Moseley, en certains points de l'Océan, les végétaux ne sont pas très abondants et semblent tout à fait insuffisants pour entretenir l'existence des nombreux animaux pélagiques. C'est qu'à côté des relations dont il a été question plus haut entre les deux règnes d'êtres animaux, il en existe une autre, découverte depuis peu, et connue sous le nom de *symbiose*.

Le docteur K. Brandt découvrit qu'à l'intérieur de certains tissus animaux se trouvaient fréquemment enchâssées de grandes quantités d'algues unicellulaires. Ces algues ne sont pourtant point des parasites, mais elles constituent, avec les animaux qui les portent, une association offrant des avantages mutuels. L'organisme animal, à l'intérieur duquel elles vivent, leur fournit les matières nutritives prêtes à être absorbées ; d'un autre côté, l'animal retire d'elles une abondante provision d'oxygène qu'elles dégagent incessamment. Cette association est la symbiose.

On l'a constatée chez quelques-uns des organismes pélagiques les plus abondants, les Radiolaires (Cienkowsky). Considérons, par exemple, l'un de ces Radiolaires, le *Collozoum inerme*. Il consiste en une masse arrondie de protoplasme, traversée par des pseudopodes radiants, avec un sac sphérique central ou capsule, dans l'intérieur duquel se trouve une goutte d'huile. La fonction de cette goutte d'huile est apparemment de faire flotter l'animal à la surface de l'eau. Le Protozoaire dont il s'agit ici jouit probablement de la propriété de s'élever ou de s'enfoncer dans l'eau en modifiant le volume et la forme de ce globule d'huile. Incorporées dans le protoplasme extérieur, se trouvent de brillantes cellules jaunes qu'on voit parfois en état de division. Ces cellules sont des algues unicellulaires que Brandt a appelées *Zooxanthellæ*.

Il est évident que toute association symbiotique est un organisme se suffisant à lui-même, n'ayant nul besoin de source *organique* extérieure de nourriture ; il est ainsi possible de concevoir l'existence d'une vaste faune pélagique qui aurait pour base des Radiolaires combinés à des *Zooxanthellæ*. Les petits êtres sur lesquels nous venons d'appeler l'attention ne sont pas plus gros qu'une tête d'épingle. Dans la nature, ils sont réunis par milliers, pressés les uns contre les autres pour former de petits amas gélatineux de deux centimètres environ de longueur et, pendant les jours de calme, ils s'étendent à la surface de l'Océan, le couvrant dans toutes les directions, à perte de vue et constituant de cette façon un vaste réservoir de nourriture destiné à alimenter le reste de la faune pélagique.

Il existe des animaux plus élevés en organisation que les Protozoaires, et à l'intérieur desquels sont enchâssées des algues unicellulaires ; tels sont, par exemple, les Cténophores, ces gracieux Cœlentérés.

Il est vraisemblable que la symbiose a été plus répandue durant les temps géologiques, alors que les Diatomées, qui constituent maintenant une si grande ressource pour la vie pélagique, étaient rares ou absentes.

Quant aux Radiolaires, dont il a été si souvent question, ce sont des animaux essentiellement pélagiques, dont la plupart sont pourvus d'un squelette siliceux des plus délicats et des plus gracieusement découpés.

IV. *Catégories d'animaux pélagiques.* — Les animaux pélagiques le sont à des degrés divers et peuvent, par conséquent, être classés en catégories.

Il y a des animaux pélagiques par excellence : ce sont ceux qu'on trouve à la plus grande distance des rivages, qui sont capables de passer leur vie entière dans cette région de la mer et qui n'arrivent qu'accidentellement près de la terre ferme. Tels sont les Radiolaires, les Siphonophores, un grand nombre de Crustacés, des Annélides *(Alciopa, Tomopteris)*, les Hétéropodes, certains Gastropodes proprement dits *(Janthina, Glaucus)*, les Ptéropodes, les Céphalopodes pélagiques, les Salpes, les Pyrosomes et de nombreux Poissons de la haute mer. Tous ces êtres peuvent être convenablement désignés par le terme *eupélagiques*, selon le professeur Moseley.

Mais, à côté des animaux que nous venons de citer, il y en a d'autres qui, comme beaucoup de Scyphoméduses et la plupart de Cténophores, se rencontrent fréquemment dans le voisinage des côtes, quoiqu'ils habitent d'ordinaire loin des rivages.

Il y en a encore qui ne sont pélagiques que durant la vie larvaire et qui, fourmillant à la surface durant les premiers stades de leur développement, s'enfoncent ensuite dans la mer pour mener une existence totalement différente.

L'inverse se passe avec d'autres formes fixées dans la haute mer : les serpents, les tortues et les oiseaux pélagiques qui passent autrement la totalité de leur vie loin des rivages, s'approchent des côtes à l'époque de la reproduction. Ces derniers groupes d'hôtes de la surface des océans peuvent, toujours d'après l'éminent professeur d'Oxford, être avantageusement nommés *hémipélagiques.*

Il est difficile de tracer une limite précise entre ces deux groupes. Ainsi, les Dactyloptères ou poissons volants, se rencontrent à la fois sautant à la surface de l'eau dans la haute mer et aussi au fond des eaux peu profondes où on les pêche souvent à l'aide d'une ligne et d'un hameçon. Tous les degrés de la vie pélagique existent parmi les Hydroméduses et les Scyphoméduses.

V. *Faune des Sargasses.* — La mer des Sargasses a une faune qui lui est propre et qu'on ne peut véritablement nommer *pélagique,* car elle est spécialement adaptée pour s'accrocher parmi les végétaux flottants. Les éléments qui la composent, possèdent, pour cette raison, un aspect tout différent des animaux réellement pélagiques.

VI. *Transparence des animaux réellement pélagi-*

ques. — La propriété la plus caractéristique des animaux pélagiques est la transparence cristalline de leur corps. Cette transparence est si parfaite, que beaucoup d'entre eux en deviennent presque invisibles lorsqu'ils sont en suspension dans l'eau. La peau, les nerfs, les muscles et les autres organes sont absolument hyalins, mais il semble que la sélection naturelle ait été impuissante à rendre incolores le tube digestif et le foie dans la plupart des cas. Ces parties restent opaques, jaunes ou brunes, et font ressembler l'animal à un fragment d'algue. Un exemple familier de ce que nous venons de dire nous est offert par les Salpes ; *Pelagonemertes* en est un autre.

VII. *Couleur*. — Quelques animaux pélagiques sont brillamment colorés en bleu dans un but de protection, de manière qu'ils ne se distinguent pas de l'eau où ils nagent. Tels sont : *Minyas cœruleus, Velella, Porpita, Physalia, Glaucus, Janthina*, toutes formes qui flottent immédiatement à la surface avec une partie de leur corps plus ou moins hors de l'eau. La teinte bleue est en rapport avec cette dernière circonstance et est destinée à rendre les types précités invisibles à quelque distance, notamment pour les oiseaux pélagiques, leurs cruels ennemis.

Velella n'échappe cependant point, de cette façon, à tous les êtres voraces qui le poursuivent, car une jeune Tortue prise pendant l'expédition du *Challenger*, avait l'estomac rempli de spécimens de ce Cœlentéré, et on en trouve fréquemment, d'ailleurs, dans le tube digestif des Albatros.

Janthina, le brillant Gastropode bleu bien connu,

se construit un flotteur divisé en compartiments et qui est attaché à son pied. Si l'on vient à détacher ce flotteur, l'animal s'enfonce et meurt. Il est privé d'yeux.

Glaucus est un Mollusque nudibranche dont les côtés du corps sont modifiés en curieux lobes frangés semblables à des nageoires. *Glaucus* nage habituellement la face ventrale en l'air, son pied étant appliqué à la surface de l'eau, absolument comme la vulgaire Lymnée quand elle rampe à la surface de nos mares ou de nos étangs. Par suite de la position ainsi adoptée par *Glaucus*, sa face ventrale est colorée en bleu foncé, tandis que sa face dorsale ou inférieure est d'un blanc lustré. Pour quelqu'un qui est habitué à voir nager les animaux le dos en haut, par conséquent avec le dos foncé et le ventre clair, l'aspect de ce mollusque est tout à fait trompeur. En réalité, il trompa complètement le docteur Benett qui, dans son travail sur les mœurs de cet animal, prend constamment le dos pour le ventre et réciproquement. *Glaucus* conserve, d'ailleurs, sa position renversée avec la plus grande persistance ; le professeur Moseley raconte qu'il en retourna un à diverses reprises le dos en l'air et qu'il se débattait alors avec ses nageoires comme une Tortue culbutée le ventre en l'air, regagnant bientôt son attitude usuelle. Il est assez curieux, toujours d'après le docteur Bennett, que *Glaucus* qui est particulièrement bleu, se nourrit aux dépens de *Velella* qui est lui-même bleu. De même *Janthina*, qui est également bleu, s'alimente aussi de *Velella*.

A propos de *Glaucus*, il n'est pas sans intérêt de

signaler que le Rémora, ce curieux poisson qui se fixe sur le dos des Requins, des Tortues et même sur les navires, à l'aide de sa nageoire dorsale antérieure transformée en ventouse, est également de couleur foncée sur le ventre et de couleur claire sur le dos, de façon que, quand l'animal est frais, il est difficile de se persuader que le dos n'est pas le ventre et *vice versa*. Cette circonstance démontre d'une manière péremptoire que la couleur des animaux a uniquement pour but de les protéger contre leurs ennemis.

Quelques animaux pélagiques sont des plus brillamment colorés, et un petit Crustacé copépode, *Sapphirina*, a toujours excité l'admiration des naturalistes, car les teintes métalliques les plus éclatantes des oiseaux-mouches ne surpassent pas les siennes, sans compter qu'on y rencontre toutes les nuances du spectre solaire, étincelant avec une intensité égale à celle du diamant. Ajoutons que cette couleur est un caractère purement sexuel réservé au mâle.

VIII. *Yeux*. — Un autre caractère, des plus remarquables, qui nous est offert par les animaux pélagiques, est la nature de leurs yeux qui sont, soit absents, soit de dimensions colossales, cette dernière condition étant de beaucoup la plus fréquente. C'est ainsi que les Mollusques ptéropodes n'ont guère que des rudiments d'yeux, et que les Siphonophores et les Cténophores sont tout à fait aveugles.

Les animaux pourvus d'yeux énormes sont communs dans la faune pélagique.

Un des plus curieux est un Crustacé amphipode, *Phronima sedentaria*, dont les yeux composés occupent la région antérieure tout entière de l'animal. La femelle de *Phronima* jouit de la curieuse habitude de vivre dans une maison transparente en forme de tube ouvert aux deux bouts, qu'elle obtient en rongeant une jeune colonie de Pyrosomes. Ainsi protégée, elle et sa progéniture, elle entraîne son tube avec rapidité à travers l'eau.

Un Crustacé copépode, *Corycæus*, possède des yeux gigantesques. L'espèce *Corycæus megalops*, en particulier, est remarquable sous ce rapport ; son appareil visuel est si extraordinairement développé, que des excroissances en forme de cornes, se projetant de dessous le thorax, se sont constituées pour le supporter. Cet animal est d'un beau bleu lorsqu'il est en vie.

Parmi les habitants de la haute mer, les plus curieux, au point de vue des yeux, il faut citer les intéressantes Annélides pélagiques de la famille des *Alciopidæ*. Les organes de la vision sont, chez elles, très volumineux, et les plus parfaits observés jusqu'à ce jour dans le groupe entier des Vers.

IX. *Rapports de la faune pélagique et de la faune abyssale*. — Par ce développement extraordinaire des yeux ou par l'absence de ceux-ci, les animaux pélagiques rappellent plus ou moins les êtres confinés aux eaux profondes ; c'est aussi dans ces deux groupes qu'on rencontre le plus de types phosphorescents. Le professeur Fuchs, du Musée de Vienne, a insisté sur les ressemblances qui existent entre la faune pélagique et la faune abysssale, lesquelles sont toutes deux des faunes de ténèbres, car la lumière du soleil ne pénètre point dans les abîmes de la mer, et les animaux pélagiques sont généralement de mœurs nocturnes.

Quelques êtres pélagiques semblent pourtant ne point craindre la lumière. C'est ainsi que, lorsque le temps est calme, on peut voir à la surface, en plein soleil, les Radiolaires, les *Velella*, les *Janthina*; ces Invertébrés ne quittent jamais, d'ailleurs, la zone superficielle. Quelques Cténophores, principalement *Eucharis*, aiment aussi le soleil, d'après le docteur Chun, de l'Université de Kœnigsberg. Les poissons volants restent jour et nuit à la surface, et le magnifique poisson pélagique appelé *Coryphœna* montre ses brillantes couleurs à toute heure du jour, en se jouant autour des navires.

Les vents et la tempête chassent tous les animaux pélagiques qui sont susceptibles de s'enfoncer dans les profondeurs, et, par le mauvais temps, on pourrait s'imaginer que la surface de la mer est totalement privée de vie.

X. *Migrations des animaux pélagiques en profondeur.* — Une des questions les plus importantes concernant la faune pélagique est la suivante : jusqu'à quelle profondeur les animaux qui s'enfoncent pendant le jour, peuvent-ils descendre? S'enfoncent-ils jamais au delà d'une limite fixe? Y en a-t-il qui sont susceptibles d'aller jusqu'au fond de la mer?

Le professeur Weissmann, de l'Université de Fribourg en Brisgau, d'après ses observations sur ce qu'on pourrait appeler la faune pélagique du lac de Constance, a montré que les petits Crustacés qui en font partie s'élèvent et s'enfoncent périodiquement, justement comme les habitants pélagiques de la mer. Ils ne descendent jamais au-dessous de 50 mètres, mais ils remontent le soir à la surface graduellement comme le soleil se couche, et ils redescendent progressivement le matin quand le soleil se lève. Le professeur Forel a noté les mêmes faits sur le lac de Genève.

M. Weissmann, après avoir essayé sans succès toutes les autres explications apparentes, en a conclu que ces Crustacés oscillent perpétuellement de la curieuse manière que nous venons de dire, dans le but d'économiser la lumière et de pouvoir, pendant les vingt-quatre heures du jour, explorer, en profondeur comme en surface, une étendue d'eau considérable, ce qui leur procure une plus abondante nourriture. En effet, s'ils restaient pendant le jour à la surface, ils seraient incapables, avec la faible lumière qui pénètre la nuit dans les profondeurs, de chercher les animalcules qui doivent pourvoir à leur existence.

Cette interprétation extrêmement ingénieuse s'applique aux animaux marins pélagiques pourvus d'yeux bien développés, qui se nourrissent sur les végétaux presque immobiles et sur les menus débris qui sont en suspension dans les couches superficielles; comme, d'autre part, tous les êtres de la faune pélagique dépendant les uns des autres, cette faune tout entière doit être sujette aux oscillations dont nous venons de parler.

Le docteur Chun a observé que les Cténophores du golfe de Naples, après s'être montrés abondants au printemps, deviennent extrêmement rares et dispa raissent presque pendant les trois mois d'été, pour réapparaître soudain en grand nombre à l'automne. Le savant naturaliste allemand ayant capturé ces Cœlentérés en abondance, l'été, dans les profondeurs, pense qu'ils descendent annuellement à la fin du printemps, dans le but de se nourrir des petits Crustacés qui s'éloignent alors des couches superficielles (probablement parce qu'une lumière plus forte leur permet à cette époque de recueillir à un niveau inférieur les substances dont ils s'alimentent), et que s'étant suffisamment repus et leurs jeunes ayant subi leurs métamorphoses dans les profondeurs et ayant atteint l'état adulte, ils s'élèvent de nouveau à la surface où ils réapparaissent comme par enchantement.

Un des Cténophores jouissant de ces habitudes est la belle Ceinture de Vénus *(Cestus Veneris)*. Des Scyphoméduses *(Cassiopeia Borbonica)* et d'autres animaux pélagiques paraissent sujets aux mêmes migrations en profondeur. Il n'est pas douteux que ces sortes de migrations se produisent dans la haute mer de toutes les régions du globe, et ceci est de nature à expliquer la rareté de quelques animaux pélagiques.

D'après ce qui précède, il semble donc probable que les animaux pélagiques exécutent des oscillations en profondeur, sous l'influence de trois causes. Il y a d'abord des oscillations quotidiennes, suivant l'intensité de la lumière ou des ténèbres ; puis des oscillations irrégulières dues au mauvais temps ; enfin, des migrations périodiques selon la saison de l'année.

XI. *Animaux pélagiques d'eau douce.* — Les grands

lacs d'eau douce qui se trouvent à l'intérieur des terres possèdent une faune littorale, une faune pélagique et une faune abyssale, absolument comme les océans. Les animaux pélagiques des lacs ressemblent à ceux de la mer par beaucoup d'intéressantes particularités. Ils sont, comme eux, hyalins, transparents, sont curieusement modifiés de manière à pouvoir nager constamment et possèdent parfois des yeux extraordinairement développés.

Tel est le cas des Crustacés cladocères, de la famille des *Polyphemidæ*, famille qui se distingue par la présence d'un seul œil.

L'un d'eux, *Bythotrephes*, est d'une forme extraordinaire, possédant une queue excessivement longue et pointue, destinée à faire équilibre à la région antérieure et pesante du corps ; il est transparent comme du verre, mais, à la fin de l'automne, il se couvre de belles taches bleu d'outre-mer. Il a, antérieurement, un œil unique, énorme, composé, et est muni dorsalement, sous sa carapace arrondie, d'une poche incubatrice dans laquelle se trouve un seul œuf.

Un autre de ces Cladocères, *Leptodora hyalina*, présente également une forme surprenante ; il est absolument cristallin, comme *Bythotrephes*, et presque invisible dans un vase d'eau. Il a une paire de grandes antennes emplumées destinées à le soutenir dans l'eau.

XII. *Encore les migrations en profondeur.* — Mais, ainsi que nous le disions plus haut, une des questions les plus importantes dans le sujet qui nous occupe est la suivante : Jusqu'à quelle profondeur les animaux pélagiques peuvent-ils descendre ? C'est un problème qui n'est pas résolu, quoiqu'il ait exercé l'esprit du célèbre Johannes Müller. Il est vrai qu'à son époque la question se posait tout autrement, puisqu'elle était en relation avec cette autre aujourd'hui résolue affirmativement : Existe-t-il des animaux dans les profondeurs de la mer ?

Il est impossible de la résoudre avec un filet ouvert descendu à une profondeur déterminée, car ce filet nous ramène indistinctement tous les animaux compris entre le point le plus bas et la surface. Il serait nécessaire, pour arriver à un résultat positif, d'avoir un appareil qu'on pût descendre fermé jusqu'à une certaine profondeur, pour l'y ouvrir et le refermer de nouveau avant de le remonter. Ce dernier genre de filet a été imaginé par le capitaine Sigsbee, de la marine des États-Unis, l'inventeur de presque tous les meilleurs appareils nécessaires pour les études en mer profonde. Ce filet a été utilisé par M. Alexandre Agassiz, qui trouva que les animaux pélagiques descendent uniformément, les jours de beau temps, jusqu'à une profondeur de 100 mètres, et qu'au delà de 200 mètres on n'arrivait plus à rien capturer du tout. Malheureusement, très peu d'expériences ont encore été faites à l'aide de l'instrument du capitaine Sigsbee, de sorte qu'on ne peut en ce moment tirer de conclusion définitive.

D'autre part, les recherches poursuivies par M. John Murray à bord du *Challenger* l'ont conduit à des idées différentes. Le savant naturaliste anglais est fermement persuadé que la vie pélagique s'étend à de grandes profondeurs, attendu que certains animaux, tels que les *Phædaria* d'Hæckel, ne furent obtenus qu'au moyen de filets descendus très bas.

Il est possible, d'après cela, qu'il y ait des relations directes entre la faune de la surface et celle des abysses ; que les jeunes de beaucoup d'êtres abyssaux mènent une existence pélagique. On sait, en effet, que les jeunes de beaucoup de poissons qui vivent en eau assez profonde, comme la morue, passent les premiers stades de leur existence à la surface, et il est raisonnable de supposer que les œufs d'un grand nombre de poissons de mer profonde s'élèvent à la surface pour y subir leur développement,

Un fait qui vient confirmer ces vues, c'est que le professeur Lütken, de l'université de Copenhague, a trouvé, dans l'estomac d'un poisson pélagique, un petit poisson qui n'est probablement que le jeune d'un Lophioïde de mer profonde, l'*Himantolophus ;* d'ailleurs, des jeunes d'autres poissons abyssaux ont déjà été rencontrés dans des circonstances analogues.

Depuis, les recherches de M. John Murray ont été reprises et ses résultats confirmés, pour des profondeurs très considérables, par Mac Intosh, Chun, les naturalistes du *Vettor Pisani*, et il est certain aujourd'hui que des animaux pélagiques (Siphonophores, Copépodes, etc.) sont capturés jusqu'à plusieurs milliers de mètres de profondeur.

On peut donc dire que la vie existe dans toutes les eaux intermédiaires de l'Océan, entre la surface et le fond, moins riche cependant que sur ce dernier, et que ses manifestations y sont surtout produites par des oscillations diverses (migrations régulières, etc.) d'animaux pélagiques.

XIII. *Nourriture des êtres pélagiques*. — Les animaux pélagiques se dévorent entre eux sur une large échelle. La voracité des plus gracieux et des plus inoffensifs en apparence est extraordinaire. C'est ainsi que le Cténophore *Beroe* avale parfois, comme le docteur Chun l'a constaté, d'autres Cténophores plus volumineux que lui, sur lesquels il s'avance en distendant énormément les parois de son tube digestif.

Beaucoup de grands animaux pélagiques, comme les Cétacés, se nourrissent d'êtres minuscules. Le professeur Steenstrup, de l'Université de Copenhague, a remarqué que certains Céphalopodes pélagiques capturent de tout petits Crustacés, et la large membrane conique qui réunit les bras des *Cirrhoteuthidæ* a vraisemblablement pour but de saisir en bloc des bancs d'Entomostracés.

De même, les Pingouins des mers australes se contentent presque exclusivement de Crustacés de très petite taille : on trouve constamment leur estomac rempli de ces animaux, qu'ils saisissent en s'élançant à travers l'eau avec une énorme rapidité.

XIV. *Vie pélagique accidentelle*. — Signalons, dans un autre ordre d'idées, un des faits les plus remarquables de la vie pélagique, la transformation que subissent certaines formes larvaires d'animaux littoraux lorsqu'elles sont accidentellement transportées dans la pleine mer.

Le cas le mieux connu est celui des Leptocéphales,

qui sont de petits poissons rubanés absolument transparents, dont le sang est parfois privé d'hémoglobine,
tandis que leur squelette délicat est entièrement cartilagineux, et que tous les autres tissus sont mous et
pulpeux. Ils abondent fréquemment à la surface,
mais ne vivent jamais assez longtemps pour atteindre
la maturité sexuelle. Quant à leur nature, ils semblent
n'être que de jeunes anguilles marines, quoique, en
certains endroits où celles-ci sont abondantes, on n'en
ait jamais trouvé. Le docteur Günther pense que les
Leptocéphales sont le résultat du développement
anormal des larves de divers poissons dont les œufs
sont accidentellement venus à la surface au lieu de
rester au fond ; ces larves continuent à croître jusqu'à
un certain volume, mais sans voir se transformer
leurs organes, de telle sorte qu'elles n'arrivent jamais
à une complète métamorphose et qu'elles ne sont pas
aptes à se reproduire.

Une modification comparable à celle des Leptocéphales se rencontre également dans la famille des
Pleuronectidæ, ou poissons plats, qui, comme on le
sait, comprend les soles, les turbots, etc. Les animaux du genre *Platessa* y sont parfaitement transparents. On les trouve souvent dans la haute mer,
où ils sont placés dans des conditions artificielles qui
les empêchent d'arriver à l'état adulte, de façon que
l'asymétrie des yeux ne se présente jamais.

Les Dactyloptères, ou poissons volants, nous montrent un curieux retour à la forme ancestrale ; car
leurs nageoires pectorales ne sont pas plus longues
par rapport au corps, pendant le jeune âge, que chez

les poissons ordinaires. Elles ne commencent à se développer sous forme d'ailes que plus tard. En raison de cette circonstance, le jeune Dactyloptère avait été pris d'abord pour un autre poisson que l'adulte qui en provient, et on lui avait appliqué le nom de *Cephalacanthus*.

Un autre cas entièrement analogue à celui des Leptocéphales nous est fourni par la larve de la Langouste, le plat Phyllosome, qui peut, dans la haute mer, atteindre des dimensions gigantesques. En général, le développement larvaire peut être hypertrophié en quelque sorte par la vie pélagique. Cette sorte d'hypertrophie est d'ailleurs susceptible de se produire, dans d'autres cas, par exemple, dans le développement des Amphibiens.

C'est ainsi que l'Amblystome voit se prolonger sa vie larvaire à l'état d'Axolotl, à tel point qu'il est susceptible de se reproduire sous cette dernière forme.

C'est ainsi également qu'une curieuse petite Grenouille de l'Amérique méridionale, *Pseudis paradoxa*, possède un têtard qui peut atteindre 25 à 30 centimètres et qui, dans le cours ultérieur du développement, rarement complet d'ailleurs, subit une réduction de volume pour passer à l'état adulte.

XV. *Parasites*. — Beaucoup d'animaux pélagiques nourrissent des parasites semblables à ceux qui affectent les formes voisines du littoral : il est donc probable que ces hôtes pélagiques sont d'anciens types littoraux qui ont emporté leurs parasites en s'adaptant à la vie de la haute mer. Néanmoins, il existe aussi des parasites pélagiques, c'est-à-dire des animaux véritablement pélagiques qui se sont adaptés au parasitisme.

Par exemple, les jeunes de l'Annélide pélagique *Alciopa* vivent en parasites à l'intérieur du corps des Cténophores.

Il y a une petite Hydroméduse parasite, *Mnestra*, qui s'attache sur le Mollusque gastropode pélagique *Phyllirhoë*.

Enfin, les jeunes *Cunina* se rencontrent en grande quantité dans l'estomac d'autres Méduses, les *Carmarina*, ce qui fit croire d'abord qu'elles étaient les jeunes des *Carmarina* elles-mêmes.

XVI. *Vie sociale*. — Une des choses les plus remarquables, en ce qui concerne les animaux pélagiques, c'est que la plupart d'entre eux voyagent en troupes immenses. Ainsi *Velella, Porpita, Janthina, Cavolinia* et même les Leptocéphales, sont toujours pris en assez grande quantité dans le filet.

XVII. *Distribution géographique*. — Par leur distribution géographique presque universelle, sauf dans les mers froides, les animaux pélagiques ressemblent aux animaux abyssaux. C'est ainsi que, d'après le professeur Lütken, le thon de la Méditerranée est identique avec celui qu'on trouve dans les mers du Japon. Les genres des animaux pélagiques sont cosmopolites, tandis que les espèces de l'Atlantique et du Pacifique diffèrent très fréquemment.

XVIII. *Rareté*. — Quelques animaux pélagiques semblent être extrêmement rares. On peut citer comme exemple le *Pelagonemertes*, ce curieux ver némertien avec intestin ramifié. En 1830, Lesson en recueillit de grandes quantités entre les Moluques et la Nouvelle-Guinée. Depuis, le *Challenger* n'en retrouva en tout que deux exemplaires : le premier fut capturé au sud de l'Australie et le second sur les côtes du Japon. Cet animal n'a jamais été rencontré qu'en ces trois occasions. Les spécimens du *Challenger* étaient dans la drague alors qu'elle revenait des grandes profondeurs.

De même, beaucoup de Céphalopodes pélagiques, quoiqu'ils existent en grand nombre, ont été d'une extrême rareté. Des paquets de leurs becs cornés se rencontrent dans l'estomac des baleines, qui se nourrissent de ces animaux. Plusieurs genres ont été fondés par le professeur Steenstrup, uniquement sur ces becs, sans qu'on ait jamais pu trouver les animaux auxquels ils apppartiennent.

XIX. *Sensibilité à la salure de l'eau*. — Les animaux pélagiques paraissent, en règle générale, extrêmement sensibles au degré de salure de l'eau. La faune de la surface de la Baltique est pauvre et, dans les couches superficielles, on ne rencontre que quelques petits Crustacés. Il est assez curieux, cependant, que les grandes Scyphoméduses, *Aurelia* et *Cyanea*, paraissent être indifférentes aux eaux saumâtres, ou même les préférer. Elles s'étendent, dans la Baltique, à des points où l'eau est très peu salée, et le professeur Moseley a vu aussi de grandes Scyphoméduses nager en troupes à l'embouchure d'un petit courant d'eau douce, en un point où l'eau était tout à fait potable. Ceci est d'autant plus remarquable que le professeur Romanes, de l'Université d'Édimbourg, a montré que la seule Hydroméduse qui soit confinée à l'eau douce, *Lymnocodium*, est sensible à l'addition de sel dans l'eau qu'elle habite.

M. George Baden Powell a, de son côté, remarqué que les grandes Méduses, si abondantes à Southampton, montrent une curieuse tendance à s'éloigner de la mer. Le professeur Moseley a également noté que les mêmes Cœlentérés ont une tendance à se tenir à l'entrée des fjords en Norvège.

XX. *Composition de la faune pélagique.* — Il nous reste maintenant à aborder quelques considérations sur la composition zoologique de la faune pélagique et sur son histoire durant les temps géologiques.

La faune pélagique actuelle peut être considérée comme composée de deux parties ; l'une, formée d'espèces appartenant à des groupes qui ne se rencontrent que dans la haute mer ; l'autre, constituée par des types se rattachant à d'autres groupes dont la plupart des représentants sont abyssaux, littoraux ou terrestres.

Il y a neuf groupes qui appartiennent à la *première catégorie :* ce sont les Siphonophores, les Cténophores, les Chætognathes, les Hétéropodes, les Ptéropodes, les Appendiculaires, les Salpes, les Pyrosomes, les Cétacés.

Nous ne savons rien de l'antiquité des Siphonophores, car ils ne se rencontrent point du tout à l'état fossile, eu égard à la nature de leur corps. Il est donc impossible de décider s'ils sont d'origine ancienne ou moderne. Ce sont des colonies complexes d'animaux de formes variées dont chacun remplit une fonction spéciale pour le plus grand bien de la colonie. Ils proviennent des Hydroméduses et ont, par conséquent, pris naissance d'une *Planula* pélagique, mais il est impossible de dire si les animaux-souches étaient d'abord fixés, puis sont devenus libres, ou s'ils furent toujours libres et pélagiques depuis le commencement de leur histoire.

L'histoire des CHÆTOGNATHES *(Sagitta)* est obscure.

Les HÉTÉROPODES et les PTÉROPODES descendent probablement d'ancêtres semblables à des Gastropodes actuels littoraux (Prosobranches et Opisthobranches).

Les APPENDICULAIRES et leurs alliés, proches parents des ancêtres de vertébrés devaient peu différer des animaux actuels.

Les PYROSOMES, au contraire, après s'être détachés de la même souche comme animaux simples, ont vraisemblablement constitué des colonies de Tuniciers fixés avant de redevenir pélagiques.

Selon le professeur Ray-Lankester, les ancêtres des VERTÉBRÉS auraient également été pélagiques, car l'œil de ces animaux, directement placé sur le cerveau dans les formes les plus inférieures, ne pouvait évidemment être utilisé que par des animaux éminemment transparents. De sorte que les Cétacés qui proviennent, sans nul doute, d'animaux terrestres, sont, pour la deuxième fois, pélagiques.

Là *seconde division* de la faune pélagique se compose d'animaux variés appartenant à des classes diverses dont la plupart des représentants habitent les abysses, les rivages ou la terre ferme.

Il y a très peu de véritables INFUSOIRES qui soient pélagiques ; ceux qui vivent dans la haute mer appartiennent aux deux familles *Peritricha* et des *Tintinnidæ*. *Codonella*, l'un d'eux, est remarquable par sa forme qui rappelle celle d'une cloche, et par son squelette siliceux.

Il y a même des ACTINIES ou Anémones de mer, animaux essentiellement fixes et littoraux pourtant, qui se sont adaptés à la vie pélagique. Elles sont exactement semblables à celles des rivages et on les trouve parfois en grande quantité à la surface de la mer. Elles nagent, les tentacules et la bouche en bas, par conséquent dans une position inverse de celle qu'adoptent les Actinies fixées. Un des types les plus intéressants de ces Cœlentérés pélagiques est *Mynias cœrulea*, ainsi nommé à cause de sa belle couleur bleue.

Il existe aussi des INSECTES pélagiques, voisins des Punaises d'eau douce qui courent à la surface de nos étangs. L'un de ces insectes, *Halobates*, se rencontre glissant à la surface des vagues, à des distances énormes de la terre et durant les plus terribles tempêtes.

Il y a beaucoup de POISSONS pélagiques ; nous avons déjà nommé *Coryphæna*. Il faut encore citer le rare *Regalecus* ; on a toujours supposé que ce poisson était un hôte de la surface, mais le docteur Günther croit qu'il appartient aux formes abyssales.

Les SERPENTS pélagiques sont particulièrement intéressants, car on en connaît qui remontent à l'époque éocène *(Titanophis)*. Quoiqu'ils viennent au rivage pour mettre bas leurs jeunes, ils passent la plus grande partie de leur existence dans l'eau, et très souvent loin des côtes. Ils sont spécialement adaptés à ce mode de vie par la structure de leurs poumons et par l'aplatissement bilatéral de leur queue, dont ils se servent comme d'une rame.

Il y a un Lézard bien connu, l'*Amblyrhynchus* des îles Gallapagos, dont les mœurs sont décrites par Darwin, qui, bien qu'il ne puisse pas, à proprement parler, être appelé pélagique, fréquente pourtant la mer et fait souvenir des gigantesques Lézards pélagiques des temps mésozoïques, les Mosasaures.

XXI. *Animaux antipélagiques*. — Tant de groupes du règne animal contribuent à former la faune pélagique, qu'il est vraiment remarquable que quelques-uns d'entre eux, et des plus importants, ne soient pas représentés par cette faune.

Ainsi, il n'y a pas d'Éponges adultes pélagiques, pas d'Alcyonaires, pas de Géphyriens, pas de Brachiopodes, pas de Lamellibranches et enfin pas d'Échinodermes pélagiques.

Si nous prenons en considération les curieuses modifications subies par les Actinies, les Némertiens, les Synascidies et les Gastropodes, on pourra aisément se faire une idée de la forme que les groupes non représentés dans la faune pélagique auraient prise s'ils avaient fait partie de cette faune.

Lima hians, ce gracieux Lamellibranche dont les valves s'agitent dans l'eau, pendant la natation, à la manière des ailes d'un papillon, nous permet de concevoir comment, avec une exagération de ces mœurs, un Lamellibranche aurait pu devenir pélagique.

Une Comatule nageant avec ses bras, ou un oursin flottant à la manière de *Minyas*, seraient des Échinodermes pélagiques ; la première nous est peut-être réellement donnée dans le *Saccoma* des schistes lithographiques de Solenhofen.

XXII. *La vie pélagique durant les temps géologiques.* — Un mot relativement à l'histoire de la vie pélagique durant les temps géologiques.

Ainsi que le professeur Weismann le disait, la source de toute vie animale et végétale s'est trouvée dans la mer.

Il est probable qu'un grand nombre d'animaux primitifs ont été pélagiques ; l'embryogénie de beaucoup d'animaux marins vient appuyer cette opinion, car les larves de beaucoup d'entre eux, même parmi les types littoraux, ont la structure des animaux pélagiques.

Un des animaux les plus primitifs, *Protomyxa aurantiaca*, ce beau protozoaire orangé, est lui-même pélagique, puisque le professeur Hæckel l'a trouvé sur une coquille de Spirule qui flottait en pleine mer.

D'après les intéressantes recherches du docteur Nathorst, nous savons que des Scyphoméduses, très voisines de celles qui nagent maintenant dans nos mers, existaient dans la faune pélagique de l'époque cambrienne, tandis que les dépôts boueux qui se formaient alors fourmillaient d'Annélides semblables à celles actuellement existantes.

La faune pélagique précambrienne doit probablement avoir contenu des représentants adultes sexués de la Planula, les larves à structure bilatérale des

Échinodermes, l'*Ephira* (sorte de Méduse qui a persisté jusqu'à nos jours), la *Trochosphère*, le *Nauplius*.

Durant la période cambrienne s'ajouta la larve *Cypris*, ancêtre des Cirripèdes, puis la souche des Vertébrés, puis le trilobite *Æglina*, dont les yeux énormes indiquent bien un être pélagique.

A l'époque silurienne, les Hétéropodes firent leur apparition et les Cirripèdes disparurent, au moins en tant que larves *Cypris*, avec les Graptolithes, colonies d'Hydraires vraisemblablement pélagiques.

Durant les temps dévoniens, divers Requins, Raies et Ganoïdes s'adaptèrent à la vie de haute mer ; il y a bien encore des Requins et des Raies pélagiques, mais les Ganoïdes se sont retirés dans les eaux douces.

Les Globigérines et quelques Radiolaires font leur apparition dans les plus anciens dépôts secondaires ; les Céphalopodes dibranches vinrent bientôt après et la mer fourmilla de Bélemnites pélagiques. Les Reptiles, dont les ancêtres étaient pélagiques, revinrent à ce mode de vie : l'Ichtyosaure, avec ses yeux énormes, poursuivait sa proie dans les profondeurs ou, durant la nuit, à la surface. Un peu plus tard, les Mosasauriens apparurent et ne tardèrent pas à devenir aussi volumineux que les Baleines.

Au début des temps tertiaires, ou même un peu plus tôt, divers Mammifères prirent la mer et, parmi eux, les Baleines devenant entièrement pélagiques, quittèrent les rivages pour toujours.

Quelques animaux ne semblent s'être adaptés à la vie pélagique que très récemment : c'est ainsi qu'on n'a point encore rencontré *Janthina* à l'état fossile avant le Néogène, quoique ce Mollusque ait bien certainement eu des ancêtres pendant les temps géologiques plus anciens.

Après ces généralités et ainsi que nous l'avons fait antérieurement, nous examinerons en détail quelques *types pélagiques*, vivants ou fossiles, plus particulièrement intéressants : les *Poissons volants*, les *Carcharodons* et le *Hainosaure*.

II. LES POISSONS VOLANTS

I. *Les Vertébrés*. — D'une manière générale, on désigne sous le nom de *Vertébrés* les animaux dont le squelette est constitué par de véritables os. Les pièces les plus caractéristiques de cette charpente osseuse sont les *vertèbres*. Ce sont des os, petits par rapport à presque tous les autres éléments du squelette, placés l'un à la suite de l'autre et embrassant la moelle épinière. Leur ensemble constitue la colonne vertébrale ou épine dorsale.

Pour faire connaître les Vertébrés par des exemples, nous dirons encore qu'ils comprennent : les Mammifères (exemple : chien), les Oiseaux (exemple : perroquet), les Reptiles (exemple : lézard), les Batraciens (exemple : grenouille) et les Poissons (exemple : saumon).

Tous les autres animaux peuvent être réunis en un groupe, artificiel, mais commode, qu'on appelle *Invertébrés*. Le point essentiel chez eux, outre l'absence d'un squelette tel que celui des Vertébrés, c'est qu'ils ont le système nerveux le long du ventre et non le long du dos.

Les Invertébrés sont les Protozoaires (exemples : infusoire, nummulite), les Porifères (exemple : éponge), les Cœlentérés (exemple : corail), les Vers (exemple : ver de terre), les Échinodermes (exemple : étoile de mer), les Arthropodes (exemples : insecte, écrevisse, araignée), les Mollusques (exemples : huître, limaçon), les Brachiopodes (exemple : spirifer), les Bryozoaires et les Tuniciers.

Les Vertébrés vivants et fossiles forment un vaste embranchement. Ces êtres, extrêmement nombreux, sont aussi extraordinairement variés. Les uns sont exclusivement aquatiques, comme la plupart des Poissons ; les Ichthyosaures, les Plésiosaures et les Mosasaures, parmi les Reptiles ; les Cétacés et les Siréniens dans les Mammifères. D'autres sont amphibies : tels sont les Phoques ; d'autres sont terrestres : ce sont presque tous les grands animaux qui nous entourent ; d'autres sont souterrains, comme la Taupe ; d'autres, sont aériens : les Oiseaux en sont le meilleur exemple.

II. *Le vol en général chez les Vertébrés.* — Quoi qu'il en soit, l'étude des Vertébrés aériens peut être considérée à deux points de vue : au point de vue *physiologique* et au point de vue *morphologique*.

Dans le premier, qui est celui considéré par MM. Marey[1], l'éminent professeur du Collège de

---

1 J. Marey, *La Machine animale :* locomotion terrestre et aérienne (*Bibliothèque scientifique internationale*, 1 vol. in-8, avec 132 figures, Paris).

France, Muybridge, Pettigrew, etc., etc., dans leurs remarquables travaux, où la photographie est intervenue d'une manière si heureuse, on étudie comment fonctionne l'organe du vol chez un animal déterminé.

Dans le second, qui est le seul auquel nous nous placerons, on s'occupe de la structure des organes du vol et on compare entre eux ces organes. On recherche notamment, comment les membres de la forme ancestrale commune se sont transformés pour donner les divers types d'ailes.

Cela posé, il faut encore distinguer deux sortes de vol : le *vol passif* et le *vol actif.*

Le vol passif n'est, à proprement parler, qu'un saut vertical prolongé, et l'organe mis en jeu pour le réaliser est un véritable parachute. C'est celui qu'on observe en particulier chez l'écureuil volant.

Le vol actif est le vol au sens ordinaire du mot. Non seulement l'animal qui en est doué peut ralentir sa descente, mais encore il peut s'élever et se diriger dans les airs. Tels sont les Oiseaux et les Chauves-Souris, pour ne mentionner que des Vertébrés actuels.

Les *Poissons* présentent des formes douées du vol passif, mais aucune du vol actif.

Les *Batraciens* ne renferment aucun type aérien, car, comme me le fait remarquer mon excellent ami M. G.-A. Boulenger, si compétent en ces matières, on ne peut admettre que *Rhacophorus,* cité par M. A.-R. Wallace et reproduit si souvent depuis d'après lui, soit un animal doué du vol, même passif.

Les *Reptiles* nous montrent encore aujourd'hui des espèces jouissant du vol passif, et ont eu, durant les temps géologiques, un groupe important possédant le vol actif.

Par contre, les *Oiseaux* n'ont plus de nos jours que le vol actif (si on excepte les formes dégradées), tandis qu'ils ont eu le vol passif.

Quant aux *Mammifères*, ils ont, même actuellement, à la fois le vol passif et le vol actif.

Mais ce n'est pas tout. Après avoir séparé le point de vue physiologique du point de vue morphologique, et après avoir distingué le vol passif du vol actif, il faut encore, dans un autre sens, traiter à part le vol à l'aide d'une *membrane* et le vol à l'aide de *plumes*.

Dans le premier, où il existe un patagium (système de membranes) tendu entre les membres et le corps où entre divers segments des membres, le segment terminal des membres, ou bien conserve sa forme primitive de patte terrestre (surtout dans le vol passif), ou a une tendance à s'étaler (principalement dans le vol actif), mais, en tout cas, ne se réduit pas : c'est le genre d'appareil réalisé chez les Mammifères, les Reptiles et les Poissons.

Dans le second, où des productions épidermiques (plumes) s'étalent appuyées sur la charpente osseuse, le segment terminal des membres subit une réduction, une concentration qui le transforme finalement en une sorte de moignon, même chez les types les mieux doués : c'est ce qu'on voit chez les Oiseaux.

Pour terminer ces considérations générales, quelques mots sur l'*évolution du vol*. Il ne peut y avoir de doute que les animaux voiliers (sauf les Poissons qui se sont adaptés directement) ont d'abord, très anciennement, été aquatiques. Ils sont ensuite devenus amphibies, puis terrestres, et, dans ce dernier cas, marcheurs, sauteurs, coureurs, fouisseurs, rampants, etc. Un certain nombre de marcheurs et des sauteurs se sont ensuite adaptés à la vie arboricole. Et c'est là que, pour les protéger dans leurs sauts (de branche en branche ou des arbres sur le sol), s'est développé le parachute (membrane ou plume) qui leur a donné le vol passif. De ce parachute s'est graduellement formée l'aile, qui a transformé le vol passif en vol actif. Telle est l'évolution ascendante du vol jusqu'à son apogée.

Les Mammifères nous montrent tous les stades de cette évolution pour le vol à l'aide d'une membrane. Nous sommes moins bien renseignés en ce qui concerne le vol à l'aide de plumes. Cependant, parmi les Oiseaux, l'Archéoptéryx n'a guère dépassé le vol passif, et il nous fournit au moins un anneau de la chaîne que nous pouvons prévoir pour notre second groupe.

Mais la transformation d'un type terrestre en voier est réversible. Cette nouvelle phase de l'évolution du vol en est la période descendante ou de dégradation. Les ailes peuvent se réduire, devenir inutilisables pour le vol et même disparaître : leur possesseur ou ses descendants retournent alors à l'état de marcheurs, de sauteurs, etc. Les Oiseaux vivants et fossiles nous exhibent, à leur tour, tous les stades de cette évolution. Par contre, nous ne connaissons pas la dégra-

.dation du vol avec une membrane, et les types disparus, dans ce dernier groupe, semblent l'avoir été par simple extinction et à l'apogée de la puissance du vol.

III. *Classification des Poissons.* — Il est inutile que nous définissions scientifiquement les Poissons, en particulier, parce que chacun, au moyen d'exemples présents à la mémoire de tous, se fait une idée plus ou moins nette de ce que sont ces animaux. Mais pour faire comprendre les relations des Poissons volants, il est indispensable que nous exposions la classification de ces animaux. Nous suivrons en cela l'excellent ouvrage du Dr A. Günther[1], l'éminent conservateur du département zoologique au British Museum (et sans nul doute l'ichthyologiste contemporain le plus compétent), sauf en ce qui concerne le groupe des *Palæichthyes*, de l'homogénéité duquel nous ne sommes pas suffisamment convaincu.

Les POISSONS se divisent en :

1. Les *Leptocardes*. — Ce groupe, qui ne renferme que le petit *Amphioxus*, est caractérisé par un squelette membrano-cartilagineux, où il n'existe pas de vertèbres. La notochorde y est persistante. Il n'y a point de côtes. Le cerveau manque. Le cœur est remplacé par des sinus contractiles. Le sang est incolore. La cavité respiratoire est confluente avec la cavité adbominale. Les fentes branchiales sont extêmement nombreuses, et l'eau introduite pour la respi-

---

[1] A. Günther, *An Introduction to the Study of Fishes*, Edinburgh, 1880, in-8, 720 pages et 321 gravures dans le texte.

ration est expulsée par une ouverture située en avant de l'anus. Il n'existe point de mâchoires.

Ces animaux sont aussi éloignés des Vertébrés qui en sont les plus proches que ces derniers le sont, en remontant l'échelle, de ceux qui en sont les plus éloignés.

2. Les *Cyclostomes*, qui renferment en particulier les *lamproies*, ont un squelette cartilagineux, avec noto-chorde persistante, et ne possèdent pas de véritables mâchoires. Leur crâne n'est pas distinct de la colonne vertébrale. Ils manquent de membres. Les branchies ont la forme de sacs, au nombre de six ou sept de chaque côté, et il n'y a pas d'arcs branchiaux. Il n'y a qu'une ouverture nasale, impaire. Le cœur est dépourvu de bulbe artériel. La bouche est antérieure; elle est surmontée d'une lèvre circulaire ou semi-circulaire, destinée à permettre la succion. Le tube digestif est droit, simple, sans appendices (ni pancréas, ni rate). Les nageoires verticales sont soutenues par des rayons.

3. Les *Chondroptérygiens*, qui comprennent les *requins*, les *raies* et les *chimères*, ont un cœur pourvu d'un cône artériel contractile, un intestin muni d'une valvule spirale, un squelette cartilagineux. Ils ont des nageoires paires et impaires; leurs nageoires paires postérieures sont abdominales, c'est-à-dire situées en arrière des nageoires paires antérieures, ce qui, quelque singulier que cela puisse paraître, n'est pas toujours le cas, comme nous le verrons tout à l'heure. La queue est fréquemment hétérocerque, c'est-à-dire que son lobe supérieur est plus long que l'inférieur.

Les branchies sont attachées à la peau par leur bord
externe et séparées par des fentes branchiales. Il n'y
a pas d'opercules le recouvrant. Il n'existe pas non
plus de vessie natatoire. Il y a deux, trois, ou un plus
grand nombre de séries de valvules dans le cône
artériel.

Les œufs de ces animaux sont grands et peu
nombreux; ils se développent parfois entièrement
dans le corps de la mère. Les embryons des Chondroptérygiens sont pourvus de branchies externes caduques. Enfin les mâles de ces poissons ont des organes
copulateurs.

4. Les *Ganoïdes*, auxquels appartient notamment
l'*esturgeon*, ont un squelette cartilagineux ou ossifié. Leur corps est pourvu de nageoires paires et
impaires, et la seconde paire des premières est abdominale, de même que chez les Chondroptérygiens.
Les branchies sont généralement libres : il est rare
qu'elles soient, même partiellement, fixées aux parois
de la cavité branchiale. Il n'y a qu'une ouverture
branchiale de chaque côté de la tête, et il existe un
opercule. La vessie natatoire est pourvue d'un conduit
pneumatique. Les œufs des Ganoïdes sont petits et,
contrairement à ce qu'on voit chez les Chondroptérygiens, sont fécondés après l'expulsion du corps de
la mère. Les embryons des Ganoïdes sont, parfois,
munis de branchies externes.

5. Les *Dipneustes*, qui ne contiennent plus aujour-
d'hui que le *Lépidosiren*, le *Protoptère* et le *Cérato-
dus*, sont très voisins des Ganoïdes. Leurs narines
sont paires et placées plus ou moins dans la bouche.

Leurs membres ont un squelette axial. Ils possèdent à la fois des poumons et des branchies. La notochorde est persistante chez eux. Ils n'ont pas de rayons branchiostèges.

6. Les *Téléostéens*, ou vrais poissons osseux, dans lesquels viennent se ranger la plupart des poissons que nous voyons communément, comme le *maquereau* et le *hareng*, par exemple, ont un cœur pourvu d'un bulbe artériel non contractile. Leur intestin est dépourvu de valvule spirale. Leur squelette est ossifié et montre toujours des vertèbres osseuses complètement formées. Leur colonne vertébrale finit dans la queue par le type diphycerque (symétrique vrai) ou homocerque (symétrique apparent). Leurs nageoires paires postérieures peuvent manquer ou être situées soit en arrière, soit à la même hauteur, soit en avant des nageoires paires antérieures.

IV. *Place des Poissons volants dans la classification.* — Il n'existe point de poissons volants parmi les Leptocardes, les Cyclostomes, les Chondoptérygiens, les Ganoïdes et les Dipneustes; les Téléostéens seuls nous en offrent des exemples. Examinons donc ceux-ci d'un peu plus près.

Selon le Dr Günther, les Téléostéens peuvent être divisés en six ordres : les *Acanthoptérygiens proprement dits*, les *Acanthoptérygiens pharyngognathes*, les *Anacanthiniens*, les *Physostomes*, les *Lophobranches* et les *Plectognathes*. Mais, étant donné le but que nous poursuivons et pour ne point compliquer les choses par la définition de ces nouveaux sous-groupes, nous nous contenterons de séparer les Téléostéens, à la manière du professeur E. Hæckel [1], en *Physostomes* et *Physoclistes*.

Les *Physostomes* sont les Téléostéens les plus primitifs. Chez eux, la vessie natatoire, lorsqu'elle existe, est toujours pourvue d'un conduit aérien. Tous les rayons de leurs nageoires, à l'exception d'un seul au plus, sont élastiques. Leurs nageoires ventrales, lorsqu'elles ne sont point disparues, sont placées en arrière des nageoires pectorales.

Le Hareng et le Brochet sont de bons exemples de Physostomes.

Les *Physoclistes*, au contraire, sont plus spécialisés. Chez eux, la vessie natatoire, lorsqu'elle existe, est toujours privée de conduit aérien. Une partie des rayons de leur nageoire peuvent être transformés en épines (*Acanthoptérygiens*). Leur nageoires ventrales peuvent être placées en arrière, au même niveau ou en avant des nageoires pectorales, ou même manquer.

Le Maquereau et le Trigle (qu'on nomme rouget à Bruxelles) sont de bons exemples de Physoclistes.

Les *Physostomes* nous offrent un exemple de poisson volant : l'Exocet (*Exocœtus*). Les *Physoclistes* (division des Acanthoptérygiens) nous en présentent un autre : le Dactyloptère (*Dactylopterus*).

V. L'*Exocet*. — L'*Exocet* (*Exocœtus*) appartient à la famille des *Scombresocidæ*, qui est caractérisée par un corps couvert d'écailles, dont une série, de chaque côté du ventre, est carénée. Le bord de la mâchoire

---

[1] E. Hæckel, *Natürliche Schöpfungsgeschichte*, Berlin, 1872, 1 vol. in-8, 688 pages, 15 planches.

supérieure est formé par l'intermaxillaire (au milieu) et par les susmaxillaires (de chaque côté). Les pharyngiens inférieurs sont soudés en un seul os. La nageoire dorsale est opposée à l'anale et appartient à la portion caudale de la colonne vertébrale. Il n'y a point de nageoire adipeuse. La vessie natatoire est généralement présente, simple, quelquefois celluleuse et, naturellement, sans conduit aérien. Les pseudobranchies sont cachées et glandulaires. L'estomac n'est pas distinct de l'intestin qui est droit et dépourvu d'appendices.

Les Poissons de la famille des *Scombresocidæ* sont principalement marins. Quuelques-uns vivent en pleine mer : d'autres pourtant habitent les eaux douces. Beaucoup de ces derniers sont vivipares, tandis que toutes les formes marines sont ovipares. Ils ne quittent pas les zones tropicale et tempérée. Ces animaux sont carnivores.

Le docteur Günther cite cinq genres de *Scombresocidæ*[1]. Ce sont : *Belone* (dont les os sont verts), *Scombresox*, *Hemiramphus*, *Arramphus* et *Exocœtus*.

Le genre *Exocetus* qui nous intéresse plus particulièrement, se fait remarquer par des mâchoires courtes où les intermaxillaires et les susmaxillaires sont séparés. Ses dents sont petites, rudimentaires et parfois absentes. Le corps est modérément oblong et couvert d'écailles plutôt grandes. Les nageoires pectorales sont extrêment longues et transformées en organes de vol.

---

[1] Günther, *Introduction to the Study of Fishes*.

On connaît actuellement quarante-quatre espèces d'Exocets, répartis dans les mers tropicales et subtropicales. Quelques-uns ont une aire géographique très vaste, tandis que d'autres paraissent limités à une région restreinte de l'Océan. Ainsi, *Exocœtus callopterus* n'a été rencontré jusqu'à présent que sur la côte Pacifique de l'isthme de Panama.

Les Exocets varient en longueur de 20 à 24 centimètres, mais on en a capturé qui atteignaient 36 centimètres. Ils vivent en troupes et, à certaines époques et dans certaines localités, leur nombre est immense. Ainsi aux Barbades on les pêche activement, et cela occupe beaucoup de bras, car ils sont excellents à manger. Les nageoires pectorales varient en longueur suivant les espèces; dans quelques-unes, elles ne s'étendent que jusqu'à l'anale ; dans d'autres (les meilleurs voiliers), elles atteignent la caudale. Quelques espèces d'Exocets ont, à la mâchoire inférieure, de curieux barbillons, qui peuvent persister avec l'âge ou disparaître.

La bibliographie des Poissons volants est très étendue et il existe une grande diversité d'opinions parmi les observateurs, notamment sur la question de leur vol. Quoi qu'il en soit, les autorités les plus respectables admettent que, si les Exocets quittent l'eau, ce n'est pas pour capturer des insectes ; qu'ils sont incapables de faire mouvoir leurs nageoires pectorales comme les oiseaux ou les chauve-souris agitent leurs ailes ; qu'ils ne sauraient changer la direction de leur vol, et qu'il leur est impossible de se soutenir dans l'air, sauf pendant un temps très limité.

Les recherches les plus récentes et les plus sérieuses sur les animaux qui nous occupent sont dues au professeur K. Möbius [1], actuellement directeur du Musée zoologique de Berlin. Ses résultats peuvent être résumés de la manière suivante :

On observe plus souvent les Poissons volants par le mauvais temps, quand la mer est houleuse, que quand la mer est calme. Ils sautent hors de l'eau lorsqu'ils sont poursuivis par leurs ennemis ou effrayés par l'approche d'un vaisseau, et fréquemment aussi sans cause apparente, comme le font d'ailleurs beaucoup d'autres Poissons, et ils s'élancent en l'air sans égard à la direction du vent ou des vagues. Ils gardent leurs nageoires tranquillement étalées, sans leur imprimer aucun mouvement, quoiqu'elles entrent parfois en vibration sous l'influence du vent.

Le vol des Exocets est rapide, mais d'une vitesse graduellement décroissante ; cette vitesse dépasse de beaucoup celle d'un navire faisant dix milles à l'heure. Les Exocets peuvent ainsi se maintenir hors de l'eau sur une distance dépassant 200 mètres. Ils restent plus longtemps dans l'air lorsqu'ils volent contre le vent que dans la direction de ce dernier. Aucune déviation verticale ou horizontale ne dépend de la volonté du poisson, mais elle est causée par le courant d'air. C'est ainsi qu'ils gardent une trajectoire horizontale (qu'ils volent avec ou contre le vent) ; mais ils sont rejetés à droite ou à gauche, suivant la direc-

---

1 K. Möbius, Die Bewegungen der fliegenden Fische durch die Luft (*Zeitschrift für wissenschaftliche Zoologie*, C. T. v. Siebold et A. v. Kölliker, Leipzig, 1878, vol. **XXX**, *supplément*, pages 343-382 et 1 planche).

tion du vent par rapport à leur vol. Cependant, il arrive quelquefois que, dans sa course, le poisson plonge sa nageoire caudale dans l'eau et, par un coup de queue se tourne vers la droite ou vers la gauche. Par un temps calme, le chemin qu'il parcourt est rectiligne ou parabolique (comme celui d'un projectile), mais par le mauvais temps, lorsqu'il vole contre la direction des vagues, sa trajectoire est ondulée. Il est projeté au-dessus de chaque vague par la pression de l'air déplacé.

Il n'est pas rare que des Exocets tombent à bord des vaisseaux (j'en ai reçu un qui avait été capturé de cette manière), mais cela n'arrive jamais que par le mauvais temps.

Durant le jour, ils évitent les navires, mais pendant la nuit, quand ils ne peuvent les voir et sous l'influence des courants d'air qui les emportent, il sont soulevés parfois à une hauteur de vingt pieds, au lieu de rester près la surface de l'eau, et viennent tomber sur le pont.

Ces observations, dit le docteur Günther, montrent clairement que toute déviation dans sa course provient, non de la volonté du poisson, mais de circonstances extérieures.

Les études du professeur Möbius furent poursuivies durant un voyage à l'île Maurice (*via* Suez et retour par les Seychelles). Le naturaliste allemand a, en outre, montré que les Exocets ont une disposition particulière de la bouche qui leur permet de garder de l'eau pour la respiration pendant qu'ils sont en l'air.

Un certain nombre d'amateurs anglais ayant écrit au journal *Nature*[1] pour exprimer leur conviction que les Exocets *volaient réellement*, le professeur Möbius leur répondit[2] que les Poissons volants sont incapables de voler (au sens propre du mot), par la raison que les muscles destinés à faire mouvoir leurs nageoires pectorales sont trop peu puissants pour cela. En effet, chez les Oiseaux, les muscles moteurs de l'aile forment 1/6 du poids du corps ; chez les Chauves-Souris, ils forment encore 1/13, tandis que chez les Exocets ils ne forment que 1/32. L'impulsion donnée au Poisson volant a lieu dans l'eau, et cela par le moyen des muscles latéraux du corps qui sont extrêmement développés.

VI. *Le Dactyloptère.* — J'arrive au second type de Poisson volant, au Dactyloptère (fig. 5).

Le Dactyloptère appartient à la famille des *Cataphracti*. Cette famille est caractérisée par la forme du corps qui est allongée et presque cylindrique. La dentition des animaux qui la composent est faible. Le corps est complètement cuirassé d'écailles osseuses munies d'une carène. Un support osseux relie l'angle du préopercule à l'anneau infraorbitaire. Les nageoires ventrales sont thoraciques, c'est-à-dire qu'elles sont situées au même niveau que les nageoires pectorales et entre celles-ci.

---

1 F. P. Pascoe, The Flying-Fish (*Nature*, 1881, vol XXIII, page 312); R. E. Taylor, Flying-Fish (*ibid.*, p. 388) ; A. D. Brown, Flying-Fish (*ibid.*, p. 508); R. W. S. Mitchell, Do Flying-Fish fly or not (*ibid.*, 1884. vol. LXXXI, p. 53) ; J. Rae, Do Flying-Fish fly ? (*ibid.* page 101).
2 K. Möbius, Flying-Fish does not fly (*Nature*, 1885, vol. XXX, p. 192).

FIG. 5. — Les Dactyloptères.

Les *Cataphracti* sont des poissons marins partiellement pélagiques.

On suppose que *Petalopterix*, poisson fossile du crétacé du Liban, est allié au dactyloptère.

Le docteur Günther mentionne cinq genres de *Cataphracti*[1]. Ce sont : *Agonus, Aspidophoroides, Siphagonus, Peristethus* et *Dactylopterus.*

Le genre *Dactylopterus* est caractérisé par une tête parallélipipédique dont les faces supérieure et externe sont entièrement osseuses. L'omoplate et l'angle du préopercule sont prolongés sous forme de longues épines. Le corps est garni d'écailles fortement carénées. Il n'y a pas de ligne latérale. Il y a deux nageoires dorsales dont la seconde n'est pas beaucoup plus longue que la première. Les nageoires pectorales sont très longues et transformées en organes de vol ; une petite portion (la supérieure) est séparée de la masse principale de la nageoire. Il y a des dents granuleuses dans les mâchoires. Par contre, il n'y a point de dents sur le palais. La vessie natatoire est divisée en deux moitiés latérales, chacune pourvue d'un puissant muscle.

On ne connaît que trois espèces de *Dactylopterus*, qui sont très abondantes dans la Méditerranée, dans l'Atlantique et dans les océans Indien et Pacifique.

Les Dactyloptères volent comme les Exocets. Mais ils sont beaucoup plus massifs et atteignent une plus forte taille, des spécimens de 38 centimètres n'étant point rares du tout.

---

[1] Günther, *Introduction to the Study of Fishes.*

La colonne vertébrale de ces animaux est très remarquable en ce que toutes ses vertèbres antérieures sont soudées en une sorte de tube.

Une des choses les plus intéressantes chez les Dactyloptères, et bien d'accord avec ce que nous avons dit plus haut de l'évolution du vol, c'est que les jeunes de ces animaux n'ont point les immenses nageoires pectorales de l'adulte. Ici encore l'ontogénie répète la phylogénie. Voici, à cet égard, le résultat des recherches du savant professeur Lütken [1].

Comme on le sait, dit-il, M. Canestrini s'est efforcé de prouver que le *Cephalacanthus spinarella* (quelquefois appelé aussi *Pungitius pusillus*, car en raison de la différence de conformation, on avait autrefois attribué le jeune à un genre — *Cephalacanthus* — et l'adulte à un autre — *Dactylopterus)* était la jeune forme du *Dactylopterus*. Cette opinion paraissait d'ailleurs bien fondée. Mais elle a été combattue par M. Steindachner, célèbre naturaliste autrichien, principalement pour ce motif qu'on peut rencontrer des Dactyloptères un peu plus petits que les plus grands Céphalacanthes.

Ayant eu à sa disposition, d'une part, une série de vingt-cinq *Dactylopterus volitans* de toutes les grandeurs, depuis 380 millimètres jusqu'à 47 millimètres, ce dernier à nageoires pectorales encore assez courtes, et de l'autre, presque autant de *Cephalacanthus spina-*

---

1 C. Lutken, Spolia Atlantica, Bidrag til Kundskab om Formforandriger hos Fiske under deres Vœxt og Udvikling, særligt hos nogle af Atlanterhavets Hoejsoefiske *(Det kongelige danske videnskabernes Selskab Skrifter,* 1880, Kjoebenhavn).

rella (vingt-trois exemplaires), également de toutes les grandeurs, depuis 49 jusqu'à 8 millimètres de long. M. Lütken a poursuivi, dans ces deux séries, l'étude de tous les caractères sujets aux modifications provenant de différences d'âge, pour découvrir si les changements qu'avaient subis les Céphalacanthes permettaient de remonter aux Dactyloptères et réciproquement, ceux de ces derniers de descendre aux Céphalacanthes, ou si ces Poissons constituaient deux séries de formes indépendantes l'une de l'autre.

Le résultat de ces comparaisons a été, pour le savant danois, une confirmation absolue de l'hypothèse de M. Canastrini. On peut certainement rencontrer des Céphalacanthes un peu plus grands que les plus petits Dactyloptères ; mais cela s'explique facilement par le fait que la métamorphose proprement dite qui, sans doute, se produit relativement vite, n'arrive pas toujours précisément quand le jeune Poisson a atteint une longueur déterminée (50 millimètres environ), mais peut, suivant les circonstances, se produire, chez tel individu, un peu plus tôt ou un peu plus tard.

Ajoutons que les localités où les jeunes Dactyloptères (soi-disant Céphalacanthes) ont été pris, semblent prouver que ce genre a, à un plus haut degré qu'on ne l'avait cru avant les recherches de M. Lütken, le caractère d'un genre à demi-pélagique. Il résulte aussi des recherches de l'éminent professeur de Copenhague que la petite partie antérieure des nageoires pectorales, chez le *Dactylopterus*, est véritablement la partie supérieure et non la partie inférieure, comme beaucoup d'auteurs l'ont écrit.

VII. *Conclusion.* — Ainsi, en résumé, il y a deux Poissons volants : l'Exocet ou Hareng volant et le Dactyloptère ou Trigle volant. Tous deux ne sont doués que du vol passif. Leur parachute est constitué par les membres antérieurs démesurément allongés et étalés.

III. LES CARCHARODONS DU MUSÉE DE BRUXELLES

I. *Historique.* — Le Musée de Bruxelles ayant résolu de faire explorer les environs de Boom dans le courant de l'année 1888, toutes les mesures furent prises pour acquérir les ossements fossiles recueillis en ce point par les ouvriers ou les propriétaires, en attendant qu'une circonstance permît de procéder à des extractions rationnelles comme celles des Iguanodons ou du Hainosaure.

La récolte fut abondante; on y remarquait notamment deux énormes tortues voisines de la tortue Luth, puis, entre autres choses, des éléments suffisants pour reconstituer le squelette du *Carcharodon belere-don*, grand requin éteint.

Chargé de faire exécuter ce travail, je m'en occupai activement, et déjà j'espérais voir bientôt placer dans les galeries le spécimen de Boom, lorsque M. R. Storms, membre distingué de la Société scientifique, qui possède une connaissance parfaite des poissons osseux vivants et fossiles, voulut bien sur ma demande céder au Musée un second squelette du même *Carcharodon,* qu'il avait acquis autrefois à Rupelmonde.

La restauration des deux spécimens fut menée de pair, et ils figurent actuellement tous deux dans la salle d'Anvers du Musée de Bruxelles. L'un mesure 7 mètres avec une gueule large de 70 centimètres ; l'autre 8^m,60 avec une gueule large de 80 centimètres.

II. *Gisement.* — Les *Carcharodon heterodon* ont été trouvés dans l'argile de Boom, c'est-à-dire dans le rupélien supérieur ou oligocène moyen, terme moyen des terrains tertiaires. Ils sont donc plus récents que le *Champsosaurus,* le *Gastornis* et l'*Erquelinnesia ;* ils sont, par conséquent, encore beaucoup moins anciens que *Hainosaurus.*

III. *Place des Carcharodons dans le règne animal.*— Les seules parties préservées de nos Carcharodons sont, comme lorsqu'il s'agit de requins fossiles en général, les vertèbres, les dents et des fragments du cartilage mandibulaire calcifié.

Les dents sont tranchantes, régulièrement triangulaires, dentelées sur les bords et se distinguent de celles des Carcharodons actuels *(Carcharodon Rondeleti)* (car il y a encore aujourd'hui une espèce du genre auquel appartient notre fossile) par la présence de dentelons latéraux.

Pour bien comprendre la place qu'il convient de donner aux Carcharodons dans le règne animal, il est indispensable de se rappeler comment les zoologistes ont divisé la classe des Poissons. Nous l'avons indiqué en détail précédemment. Répétons seulement qu'on distingue dans ce vaste groupe : les Leptocardiens, les Cyclostomes, les Chondroptérygiens, les Ganoïdes, les Téléostéens et les Dipneustes.

Nos Carcharodons sont des Chondroptérygiens et, comme les fentes branchiales s'ouvraient chez eux sur les côtés et non au-dessous du corps, ce sont des requins; car la structure de leur crâne s'oppose à ce qu'on les range dans les chimères.

IV. *Les Requins en général*. — A quel groupe de Requins appartiennent-ils ? Nous le verrons lorsque nous aurons donné quelques détails sur ce type de Poissons.

Leur corps allongé et fusiforme, se terminant généralement par un museau plus ou moins pointu, antérieurement, et passant postérieurement à une queue puissante et flexible, donne aux Requins de grandes facilités pour la natation, tant au point de vue de la vitesse que du temps pendant lequel ils peuvent, sans se reposer, progresser dans l'eau.

Beaucoup d'espèces habitent la pleine mer où elles suivent, durant des semaines entières, soit des navires, soit des bancs de poissons en migration; d'autres fréquentent des côtes déterminées qui leur offrent la nourriture en abondance; d'autres enfin — et c'est le cas pour la majorité des petites formes — sont de véritables poissons littoraux, quittant rarement le fond et réunis parfois en troupes immenses.

Les mouvements des requins ressemblent jusqu'à un certain point à ceux des serpents.

Les requins sont surtout abondants dans les mers situées entre les tropiques, ils deviennent plus rares en dehors de ces lignes ; quelques-uns seulement atteignent le cercle polaire arctique, tandis qu'on ignore leur limite extrême vers le sud.

Plusieurs espèces pénètrent dans l'eau douce et remontent les grands fleuves, comme le Tigre ou le Gange, jusqu'à des distances considérables.

Les types pélagiques ne sont pas restreints, comme les types littoraux, à une région déterminée très localisée ; mais, au contraire, leur aire de dispersion est considérable.

Très peu de requins descendent dans les abysses ; ils ne paraissent pas aller plus bas que 1000 mètres. On en connaît environ 140 espèces.

Les requins n'ont pas d'écailles comparables à celles des autres poissons ; leur peau est protégée par de petites pièces calcaires, qui, sous le microscope, montrent la même structure que les dents. Si ces pièces sont petites, les téguments du requin sont alors ce qu'on appelle la *peau de chagrin ;* si elles sont plus volumineuses, elles forment les boucles si connues chez les raies.

Les requins sont exclusivement carnivores, et ceux armés de dents tranchantes et acérées, comme nos Carcharodons, sont les plus formidables tyrans de l'Océan. On sait qu'ils sont capables de couper d'un seul coup le corps d'un homme en deux, comme le ferait une épée. Quelques-uns des plus grands cependant, ne possédant que des dents rudimentaires, sont presque inoffensifs et se nourrisent exclusivement de petits poissons ou de petits invertébrés marins. D'autres enfin n'ont que des dents obtuses pour broyer, et s'adressent surtout aux Mollusques testacés. On mange les petites espèces de requins en Chine et en beaucoup de contrées de l'extrême Orient. Un anatomiste des plus distingués[1], qui veut bien m'honorer de son amitié, m'affirme que leur chair est semblable à celle de la raie; ce qui peut être étonnant au point de vue culinaire, mais ce qui ne surprendra nullement un zoologiste, puisque ce fait est d'accord avec la classification. Les nageoires servent à préparer de la gélatine. On capture, en certains endroits, jusqu'à 40.000 requins par an, dans un but utilitaire.

V. *Classification des requins.* — On a divisé les requins en dix familles: les *Carchariidæ*, les *Lamnidæ*, les *Rhinodontidæ*, les *Notidanidæ*, les *Scyllidæ*, les *Hybodontidæ*, les *Cestraciontidæ*, les *Spinacidæ*, les *Rhinidæ*, les *Pristiophoridæ*.

VI. Les *Carchariidæ*. — Ils sont caractérisés par des yeux pourvus d'une troisième paupière et une bouche crescentiforme. Ils possèdent une nageoire anale (nageoire impaire, située dans le plan médian du corps, immédiatement en arrière de l'anus, sur la face ventrale). Il y a deux nageoires dorsales (nageoires impaires, situées dans le plan médian du corps et sur le dos), la première placée au milieu de l'espace intermédiaire entre les nageoires pectorales (nageoires paires, situées le plus près de la tête) et les nageoires ventrales (nageoires paires, situées le plus loin de la tête); cette première nageoire dorsale n'est pas soutenue en avant par une épine.

---

[1] M. H. Leboucq, professeur à l'Université de Gand.

Les *Carchariidæ* comprennent notamment les genres *Carcharias, Galeocerdo, Corax, Hemipristis, Galeus, Zygæna* (le Marteau, dont les yeux sont portés à l'extrémité de deux longs et larges lobes aplatis, dirigés perpendiculairement à l'axe longitudinal du corps) et *Mustelus,* ces curieux Requins dont quelques-uns étaient connus d'Aristote sous le nom de Γαλεὸς λεῖος et dont les jeunes, pour plusieurs d'entre eux, sont attachés à la mère par un placenta (comme chez l'homme, avec cette différence que leur placenta est ombilical au lieu d'être allantoïdien), fait déjà observé par le sagace naturaliste grec.

VII. *Les Lamnidæ.* —Ils n'ont pas de troisième paupière, mais possèdent, comme les précédents, une nageoire anale. Il y a encore deux nageoires dorsales et la première, sans épine, est aussi placée au-dessus de l'espace intermédiaire entre les nageoires pectorales et les nageoires ventrales. Les narines sont éloignées de la bouche qui est inférieure. L'évent (ouverture représentant une ancienne fente branchiale presque oblitérée et correspondant à notre oreille externe et à la trompe d'Eustache réunies) est absent ou minuscule.

Les *Lamnidæ* comprennent notamment les genres *Lamna, Carcharodon, Alopecias* et *Selache,* sur lesquels nous nous appesantirons un moment, puisque nos Carcharodons sont compris dans ce groupe.

Lamna se distingue par sa seconde nageoire dorsale et sa nageoire anale qui sont très petites; en outre, il existe une fossette à la base de la nageoire caudale, dont le lobe inférieur est très développé. Les

côtés de la queue portent une crête longitudinale
proéminente. La bouche est large, les dents sont
grandes, lancéolées, non dentelées, et montrent quelquefois des dentelons accessoires latéraux, à la base.
De chaque côté de la mâchoire supérieure, à quelque
distance du milieu, il y a une ou deux dents manifestement plus petites que les voisines. Les fentes
branchiales sont très grandes. L'évent est petit.

Il y a trois espèces de *Lamna,* dont une *(L. cornu-
bica)* habite le nord de l'Atlantique. Elle atteint une
longueur de trois mètres et se nourrit exclusivement
de Poissons qu'elle avale entiers ; car ses dents sont
faites pour saisir ou retenir, mais non pour diviser.
Selon Pennant, elle serait vivipare.

CARCHARODON se fait remarquer par une seconde
nageoire dorsale et une anale très petites. Il y a aussi
une fossette à la base de la nageoire caudale, dont le
lobe inférieur est également bien développé. La queue
possède encore des deux côtés une crête longitudinale, et la bouche est large. Mais les dents, volumineuses, sont plates, dressées, régulièrement triangulaires et dentelées, avec des dentelons latéraux chez
les fossiles. Les fentes branchiales sont grandes.

Dans la nature actuelle, il n'y a qu'une espèce de
Carcharodon *(C. Rondeleti)* qui est le plus formidable
de tous les Requins d'aujourd'hui. Elle est entièrement pélagique et paraît se rencontrer dans toutes
les mers tropicales et subtropicales. Elle peut atteindre
une longueur de plus de 13 mètres.

Les dents de Carcharodon sont assez abondantes
dans les dépôts tertiaires (témoin celles de nos

C. heterodon) et ont été rapportées à plusieurs espèces, qui montrent que le type Cacharodon était plus florissant autrefois que de nos jours. Quelques-unes de ces dents fossiles indiquent des animaux d'une taille de 30 mètres ou environ.

Les naturalistes du *Challenger* ont fait cette découverte intéressante que, dans la boue des grands fonds du Pacifique, entre la Polynésie et la côte occidentale de l'Amérique, il existe des dents identiques aux plus grandes dents fossiles. Or, comme il n'y a plus, aujourd'hui, de formes de ce volume énorme, il en résulte que le *C. megalodon*, auquel elles appartiennent, a dû disparaître à une époque relativement récente (A. Günther).

On ne sait rien de l'anatomie, des mœurs et du mode de reproduction du *C. Rondeleti*, dont on ne connaît pas même le mâle.

Alopecias a la seconde nageoire dorsale et la nageoire anale très petites. La nageoire caudale est extrêmement longue, avec une fossette à la base. Il n'existe pas de carènes sur les côtés de la queue. La bouche et les fentes branchiales sont modérément ouvertes. Les dents sont semblables dans les deux mâchoires, de taille moyenne, plates, triangulaires, mais non dentelées.

Ce genre ne renferme qu'une espèce, commune dans l'Atlantique et la Méditerranée, ainsi que sur les côtes de la Californie et de la Nouvelle-Zélande. Elle atteint une taille de cinq mètres dont la queue forme plus de la moitié, et est tout à fait inoffensive pour l'homme. Elle poursuit notamment les Harengs dans leurs migrations et les détruit en quantités innombrables ; lorsqu'elle attaque, elle décrit autour des bancs de ces animaux des cercles à rayon décroissant, de façon à les masser, après quoi elle peut aisément assouvir sa faim. On a prétendu qu'elle luttait contre les Baleines, mais cette assertion est erronée.

Selache possède aussi une seconde nageoire dorsale et une nageoire anale très petites. Il y a une fossette à la base de la nageoire caudale, qui est pourvue d'un lobe inférieur. Les côtés de la queue sont munis d'une carène. Les fentes branchiales sont extrêmement larges. Les dents sont extraordinairement petites, nombreuses, coniques et sans dentelures, ni dentelons.

Ce genre ne renferme encore qu'une espèce : le Squale-Pèlerin ; c'est le plus grand Requin du nord de l'Atlantique ; il peut atteindre dix mètres. Il est tout à fait inoffensif, à moins qu'on ne l'attaque, et alors c'est uniquement sa queue, appendice puissant, dont les coups sont à craindre. Il se nourrit de petits Poissons ou d'Invertébrés marins voyagent en bancs.

On le poursuit pour obtenir son foie qui fournit de l'huile ; un seul spécimen en donne jusqu'à une tonne ou une tonne et demie.

A certaines époques de l'année, il nage en troupes, le dos faisant saillie à la surface de l'eau. La bouche et la cavité branchiale sont énormes et les arcs branchiaux sont garnis de fanons jouant le même rôle que ceuxd es Baleines.

M. P. J. van Beneden pense que ce Requin existait en Belgique à l'époque tertiaire. J'espère avoir l'occasion d'y revenir dans un mémoire que je prépare actuellement.

VIII. *Les Rhinodontidæ*. — Ils sont caractérisés par l'absence de troisième paupière. Ils ont une nageoire anale. Il y a deux nageoires dorsales dont la première, sans épine, est placée en face des nageoires ventrales, c'est-à-dire plus en arrière que dans les espèces précédentes. La bouche et les narines sont situées près de l'extrémtié du museau.

Cette famille ne comprend qu'une seule forme *(Rhinodon typicus)*, atteignant 23 mètres de long. Cet animal ressemble, sous beaucoup de rapports, au squale-pèlerin.

IX. *Les Notidanidæ*. — Ils n'ont pas de troisième paupière. Il n'y a qu'une nageoire dorsale, sans épine, et placée vis-à-vis de l'anale, c'est-à-dire encore plus en arrière que dans les familles précédentes.

Le genre le plus intéressant de ce groupe est *Notidanus*, répandu dans toutes les mers tropicales et subtropicales ; il est connu aussi à l'état fossile.

X. *Les Scyllidæ*. — Ils ont deux nageoires dorsales, dont la première, sans épine, est située au-dessus, ou en arrière, des nageoires ventrales. Il n'y a pas de troisième paupière. L'évent est bien net. La bouche est inférieure. Les dents sont petites et plusieurs rangées sont simultanément en fonctions.

Cette famille renferme notamment *Scyllium, Chiloscyllium*, pourvu d'un véritable bec de lièvre normal, et *Crossorhinus*, le seul requin muni de barbillons.

XI. *Les Hybodontidæ*. — Ils ont deux nageoires dorsales, munies chacune d'une épine dentelée. Les dents sont arrondies, striées longitudinalement, avec deux à quatre dentelons latéraux. Téguments en peau de chagrin.

Cette famille est éteinte depuis l'époque jurassique.

XII. *Les Cestraciontidæ*. — Ils n'ont pas de troisième paupière. Des deux nageoires dorsales, la première est située entre les nageoires pectorales et les nageoires ventrales. Il existe une nageoire anale. Il y a un bec de lièvre constant. Les dents sont obtuses, en pavé, plusieurs rangées fonctionnant simultanément.

Cette famille, qui n'est plus représentée aujourd'hui que par un seul genre *(Cestracion)*, a été très riche en formes durant les époques géologiques. Elle apparaît dans le dévonien.

XIII. *Les Spinacidæ*. — Ils n'ont pas de troisième paupière. Il y a deux nageoires dorsales, mais pas d'anale. La bouche n'est que légèrement arquée. Il y a un évent et les fentes branchiales sont étroites. Les nageoires pectorales ne sont pas échancrées à leur origine.

Les genres les plus intéressants sont *Acanthias, Scymnus, Læmargus*.

XIV. *Les Rhinidæ*. — Il n'y a pas de nageoire anale, mais deux nageoires dorsales. L'évent est présent. Les nageoires pectorales sont volumineuses, et se projettent en avant comme chez les raies, mais sans se confondre avec la tête.

C'est la famille de l'Ange *(Rhina squasina)* curieux requin vivipare simulant la raie.

XV. *Les Pristiophoridæ*. — Le tête des *Pristiopho-*

ridæ est prolongée, en avant, en un long rostre garni de dents latérales.

Cette famille contient le genre *Pristiophorus* simulant, lui aussi, une raie (*Pristis* ou poisson-scie).

XVI. *Mœurs des Carcharodons*. — Il est vraisemblable que, comme l'espèce actuelle, le *Carcharodon heterodon* était un *animal pélagique* et vorace ; mais nous connaissons trop peu le type d'aujourd'hui pour nous prononcer sur les mœurs de la forme fossile.

XVII. *État de fossilisation*. — Les pièces recueillies gisaient toutes, non précisément dans leurs connexions anatomiques, mais rassemblées sur une étendue horizontale peu considérable. Si donc nos Carcharodons ont subi la putréfaction avant d'être enfouis il est probable qu'ils n'ont pas dû rester longtemps découverts après ce phénomène, car autrement leurs restes auraient été dispersés.

XVIII. *La Belgique à l'époque oligocène*. — Selon M. Retot, qui veut bien me communiquer ce renseignement, la Belgique, à l'époque où vivaient les Carcharodons, était envahie par les eaux de la mer, dans le nord, au delà d'Anvers et de Hasselt, jusqu'à Lokeren, Aerschot et Tongres. Un cinquième environ du territoire actuel était immergé.

XIX. *Contemporains*. — Les contemporains les plus intéressants du Carcharodon étaient : l'*Halitherium*, sorte de Sirénien, c'est-à-dire animal de la famille du lamantin et du dugong, mammifères vulgairement appelés, et cela bien à tort, cétacés herbivores ; puis, une gigantesque tortue voisine de la tortue Luth, dont j'ai déjà dit un mot et sur laquelle

je livrerai incessamment un travail à l'impression ;
enfin, des Chélonées, ou tortues marines ordinaires.

On rencontre encore : le poisson-lune *(Orthagoriscus mola)*, suivant M. P. van Beneden, et des Oiseaux, notamment une sorte de Fou *(Sula affinis)* suivant le même illustre auteur.

IV. LE HAINOSAURE

I. *Histoire de la découverte.* — Au mois de novembre 1884, un chimiste bien connu, qui est aussi un géologue distingué dans ses heures de loisir, et avec lequel je suis heureux d'entretenir d'agréables relations, M. Jean Ortlieb, m'apprenait que l'ingénieur-régisseur des usines de la Société Solvay et Cie à Mesvin-Ciply, près Mons, M. Alfred Lemonnier, dont l'intérêt pour la science et pour le musée de Bruxelles s'étaient déjà manifesté en plusieurs circonstances et particulièrement par le don d'un fragment de fémur du *Gastornis*, avait en sa possession divers ossements qui m'étaient destinés.

J'écrivis sur le champ à M. Lemonnier, pensant qu'il s'agissait encore des restes du *Gastornis ;* mais je sus bientôt que les pièces en question appartenaient au Mammouth et au Rhinécéros à narines cloisonnées. M. Lemonnier, dans sa réponse, ajoutait qu'il venait de recevoir une vertèbre de Mosasaure et qu'il en attendait une douzaine d'autres. Je le priai alors de vouloir bien me communiquer au plus tôt ces fossiles ; mais, soit qu'il ait eu de la peine à obtenir le complément qu'il espérait, soit qu'il ait été, chose fort naturelle, absorbé par ses occupations industrielles, il resta quelque temps sans me donner de ses nouvelles.

J'attendais toujours sa réponse, lorsqu'au mois de janvier 1885, un ouvrier du hameau de la Bouverie, nommé Constant Degossely, offrit en vente au **Musée royal d'histoire naturelle**, avec de nombreuses coquilles, huit vertèbres qui, bien que différentes de celles du vrai Mosasaure de Maestricht, furent reconnues appartenir à un Mosasaurien gigantesque.

Avec l'autorisation de M. E. Dupont, directeur du Musée, je pris alors des informations desquelles il résulta que le terrain où ces vertèbres avaient été recueillies était le même que celui qui avaient fourni celles de M. Lemonnier, et qu'il devait encore renfermer une portion considérable du squelette de l'animal. Après en avoir causé avec M. A. Rutot, conservateur au Musée, je proposais à M. Dupont de faire procéder à des fouilles, ce à quoi il consentit aussitôt.

M. L. Bernard s'empressa d'autoriser, dans ses exploitations de phosphate où l'heureuse trouvaille avait eu lieu, les fouilles que le Musée désirait exécuter. De plus cet industriel, qui conservait de son côté neuf vertèbres, continuation de celles dont nous avons parlé plus haut, consentit à s'en dessaisir en faveur des collections de l'État. Enfin, M. Lemonnier, qui avait fini par obtenir seize vertèbres, se fit un devoir de les envoyer au Musée. Bref, avant de commencer les recherches, on avait réuni trente-trois vertèbres

des régions dorsale, lombaire et caudale, soit un tron-
çon de 3^m,30 environ.

M. le Ministre de l'agriculture et des travaux pu-
blics ayant permis, sur la demande de M. le directeur
du Musée, de faire le nécessaire pour extraire les
ossements, les travaux commencèrent au mois de
février 1885 et je fus délégué pour les diriger.

Je me fais un plaisir de reconnaître ici qu'on ren-
contra chez M. Bernard un concours extrêmement
sérieux et désintéressé, et que tout, personnel et
matériel, fut mis à notre disposition. Cependant, au
bout de trois semaines de terrassements, nous
n'étions pas plus avancés que le premier jour, et je
commençais à regretter mon initiative, lorsqu'enfin
on recueillit trois vertèbres qui ne tardèrent pas à
être suivies d'autres ossements.

Un mois plus tard, après avoir déblayé cinq à six
cents mètres cubes, on avait découvert et enlevé les
régions cervicale et dorsale de la colonne vertébrale,
soit soixante-dix vertèbres ou à peu près, les côtes,
la ceinture scapulaire et des restes du bassin, ainsi
que des membres antérieurs et postérieurs. Le crâne
apparut en dernier lieu, et avait bien les proportions
que faisaient prévoir les vertèbres, la mâchoire inférieure ne mesurant pas moins de 1^m,63.

L'animal était donc exhumé sur une longueur de
9 à 10 mètres. Qu'on me permette de signaler ici
les difficultés qui se présentèrent dans l'extraction.
Rien n'était de trouver, le tout était de prendre.
Comme on opérait à ciel ouvert et à une profondeur
qui ne dépassait pas cinq mètres, on s'efforça d'abord

de retirer sur place les os de la gangue; mais on s'aperçut immédiatement qu'à la moindre percussion la roche et les pièces qu'elle contenait se découpaient en une foule de petits cubes, constituant ainsi une sorte de mosaïque et mettant dans le plus grand danger la conservation du spécimen. Il fallut donc opérer comme à Bernissart, par *blocs*.

En conséquence, on commença par amener l'excavation à une profondeur suffisante, et on mit le squelette à nu, par places, pour avoir une notion exacte de l'espace qu'il occupait. On enleva ensuite, à droite et à gauche, toute la masse du terrain jusqu'un peu au-dessous du point le plus bas atteint par les ossements. La fosse exhibait alors, sur son fond et sur une ligne diamétrale, un fort bourrelet contenant notre Mosasaurien.

Ce bourrelet fut divisé en tronçons convenables, afin d'éviter de briser les os en leur milieu; après quoi, on l'enduisit de plâtre en ménageant des solutions de continuité. On détacha successivement ces tronçons d'arrière en avant, et on revêtit également de plâtre leur dessous et leurs abouts. Ils furent ensuite cerclés de ferrailles, puis recouverts d'une nouvelle couche épaisse de plâtre.

Avant l'enlèvement, tous les blocs furent dessinés dans la position où ils se trouvaient, et chacun d'eux reçut, en nature comme sur le plan, un numéro destiné à permettre un assemblage correct à l'arrivée au musée. Cela fait, on emballa le tout soigneusement dans une tapissière, qui fut expédiée à Bruxelles. Pendant le transport de ces ossements, on poursuivit les fouilles dans l'espoir de mettre la main sur ce qui manquait de la région caudale, mais ce fut sans succès.

Après le déballage, un nouvel embarras nous attendait. Les blocs ouverts, c'est-à-dire la croûte de plâtre enlevée d'un côté, il s'agissait de retirer les os de la gangue. Comme on connaissait leur fragilité, on pensa un instant se tirer d'affaire en les *solidifiant* à la gélatine, ainsi qu'on l'avait fait pour les Iguanodons ; mais, tandis que, pour ceux-ci, les fossiles durcissaient sans que leur argile devînt plus difficile à travailler (au contraire), pour les ossements de Mesvin-Ciply, les restes du reptile demeurèrent plus tendres que la roche encaissante. Pour réussir, il fallut *gratter* le terrain avec les plus grandes précautions, retirer les os et, alors seulement, les barbouiller d'abord de colle forte pour les y plonger ensuite.

On peut dire sans exagération que, si l'*extraction* du grand Mosasaurien des environs de Mons fut, malgré sa délicatesse réelle, incomparablement plus commode que celle d'un Iguanodon, le *dégagement* des os fut beaucoup plus laborieux pour le premier que pour le second.

Quoi qu'il en soit, les ossements mis en liberté, il fallut procéder au montage. Comme toujours, en pareille circonstance, on établit une charpente provisoire, où l'on suspendit les pièces à l'aide de ficelles dans la position la plus voisine possible de celle qu'elles devaient occuper définitivement.

On confectionna alors les ferrailles destinées à servir de supports permanents, de façon qu'aucun os ne dût être perforé et que chaque pièce pût toujours être enlevée pour l'étude sans exiger le déplacement d'aucune autre.

Chaque ossement reçut enfin un numéro d'inventaire particulier, attestant que tous les restes provenaient bien d'un même individu, puis une marque spéciale indiquant sa nature, de manière que sa position pût être retrouvée sans effort, même par une personne inexpérimentée, dans le cas où il aurait fallu l'éloigner momentanément de la carcasse principale.

Ainsi préparé, le Mosasaurien de Mesvin-Ciply fut enfin exposé dans la salle dite d'Anvers, au Musée de Bruxelles.

II. *Le gisement.* — Comme nous l'avons dit, notre reptile a été découvert dans une couche de craie brune phosphatée à Mesvin-Ciply, village situé près de la ville de Mons, dans le Hainaut. Ce terrain a surtout été étudié en Belgique par MM. Cornet, Briart, Rutot et van den Broeck. Voici, selon M. Rutot, quelles ont été les épaisseurs des couches traversées pour atteindre le Mosasaurien qui nous occupe :

1. Limon quaternaire. . . . . $1^m,50$
2. Sabla landénien (éocène inférieur). . . $1^m,25$
3. Craie brune phosphatée. . . . . . 2^m »

On sait que la craie brune phosphatée de Ciply appartient à la partie supérieure de l'étage sénonien, qui se range lui-même dans le crétacé supérieur, terme le plus élevé des formations secondaires.

On rencontre fréquemment dans cette craie brune phosphatée des poches renfermant un produit désigné sous le nom de « phosphate riche ». Ces poches résultent de l'altération sur place de la roche normale, par suite de l'infiltration des eaux superficielles qui dissolvent le calcaire, altération qui augmente sa teneur en phosphate. Nous n'aurions pas eu à parler ici de cette particularité si nous ne lui devions, comme nous l'avons indiqué plus haut, la perte d'une notable portion de la queue de notre Saurien.

III. *Structure*. — Nous ferons cette description, non point seulement d'après les ossements préservés, mais en restituant ce qui manque à l'aide de ce qu'on sait par les animaux très voisins découverts dans l'ancien et le nouveau monde.

Le *crâne* de notre reptile est volumineux; vu par sa face supérieure, il présente un contour triangulaire. Il mesure, ainsi que nous l'avons dejà mentionné, environ 1^m,65.

Les mâchoires sont garnies de dents acérées, au nombre de 44, à implantation *acrodonte*, c'est-à-dire non enfoncées dans des alvéoles (comme chez l'homme, qui, pour cette raison, est dit *thécodonte*), mais soudées sur le bord supérieur de la mâchoire. Les dents sont comprimées bilatéralement, à section lenticulaire; leurs bords, antérieur et postérieur, sont dentelés. De même que chez tous les Vertébrés, à l'exception des Mammifères et de l'homme, elles étaient remplacées indéfiniment, au fur et à mesure de l'usure ou après fracture par d'autres dents situées dans la gencive et n'attendant que l'occasion de sortir.

L'extrémité libre de la mandibule, ou mâchoire

inférieure, est placée un peu en arrière de la partie correspondante de la mâchoire supérieure. En d'autres termes, il y avait une sorte de rostre saillant et la bouche s'ouvrait un peu en dessous comme chez les requins, quoique d'une manière beaucoup moins accentuée. De plus, les rameaux droit et gauche de la mandibule n'étaient rattachés que par du fibro-cartilage, permettant ainsi un écartement latéral dont la conséquence était un agrandissement passager de la gueule ; cette disposition est évidemment bien différente de ce qu'on observe chez l'homme, où les deux rameaux de la mandibule sont invariablement unis, à tel point qu'on ne pourrait les éloigner à la symphyse sans briser l'os.

Comme chez beaucoup d'autres Vertébrés, la mâchoire inférieure du Saurien de Mesvin-Ciply ne s'articule sur le crâne que par l'intermédiaire d'une pièce mobile appelée *os carré*.

Cette pièce, intéressante à plusieurs titres, l'est notamment à cause de ses rapports avec l'oreille. En effet, chez les Reptiles, il n'y a pas, si on excepte les crocodiles, d'oreille externe : le pavillon et le conduit auditif externe, qui mène jusqu'à la membrane du tympan, n'existent point ; cette dernière est située à fleur de peau et c'est l'os carré qui la supporte.

Revenons, à présent, à la mâchoire supérieure ; elle contribue à limiter les narines externes qui sont subterminales, c'est-à-dire placées près de l'extrémité du museau. Outre les dents qui la garnissent et qui, de même que celles de la mandibule, servaient non à *mastiquer*, mais à *diviser* de grandes proies, y avait, sur le palais, de petites dents en crochet, appelées dents ptérygoïdiennes, non placées en regard d'autres semblables, et destinées à retenir le menu fretin pour le cas où il aurait voulu retourner en arrière, une fois entré dans la gueule du monstre, et s'échapper par l'orifice buccal.

Les orbites sont de dimensions modérées ; un anneau osseux existait peut-être dans l'œil *(anneau sclérotique)* comme chez le Mosasaure de Maestricht, chez plusieurs Tortues et chez quelques Oiseaux, mais nous n'en avons pas trouvé de traces. Il y a, à la fois, une columelle crânienne (sorte de stylet osseux unissant la voûte du crâne au palais) et une columelle de l'oreille (un des osselets de l'ouïe), de même que chez les Lézards proprement dits et les Dinosauriens ou animaux du groupe de l'Iguanodon.

Le crâne s'articule avec la colonne vertébrale à l'aide d'une projection osseuse hémisphérique, placée en arrière et appelée *condyle occipital ;* ce condyle est simple, c'est-à-dire ininterrompu et non séparé en deux moitiés comme chez l'homme, par exemple.

Le cerveau, autant qu'on peut en juger par l'espace destiné à le loger, était proportionnellement très petit. De plus, la paléontologie comparée nous apprend que les lobes olfactifs, par rapport aux hémisphères (si exagérément hypertrophiés chez l'homme), étaient énormément développés.

Enfin, il y a, au sommet du crâne, un petit trou, appelé *trou pariétal*, qui fait communiquer, dans le squelette, la cavité cérébrale avec l'extérieur. Ce trou qu'on se bornait autrefois à citer sans insister, car on ignorait sa nature si intéressante, est reconnu aujourd'hui pour une orbite rudimentaire. Sous la **peau** (comme c'est le cas pour les deux yeux pairs ordinaires de certaines Taupes du sud de l'Afrique), se trouve un œil impair atrophié : c'est l'œil pinéal de M. Baldwin Spencer (l'ancienne glande pinéale).

Certains Vertébrés très anciens, comme les Poissons placodermes du vieux grès rouge (dévonien, terme moyen des terrains primaires) n'avaient que cet œil énormément développé au sommet de la tête et pas d'yeux pairs correspondant à nos yeux. Au contraire, nombre d'Amphibiens (animaux du groupe de la Salamandre et de la Grenouille) fossiles de l'époque carbonifère (terme le plus élevé des terrains primaires) avaient, avec un œil pinéal fonctionnel de dimensions respectables, deux yeux latéraux homologues des nôtres ; ils avaient donc trois yeux !

Les *vertèbres* sont toutes procœles, c'est-à-dire concaves en avant et convexes en arrière ; et non point amphicœles, c'est-à-dire biconcaves, comme celles des poissons ; ni opisthocœles, c'est-à-dire convexes en avant et concaves en arrière, comme les vertèbres du cou de l'Iguanodon ; ni en forme de selle, comme celles de la plupart des oiseaux ; ni biplanes, comme celles de l'homme. Elles sont au nombre de quatre-vingt-dix-huit, sans compter celles qui sont perdues.

Les côtes cervicales (car il y avait de petites côtes dans le cou) ou autres sont toujours attachées aux vertèbres, d'après la manière appelée par Huxley *erpélospondylique,* c'est-à-dire par une tête unique et non par deux comme chez l'homme.

Le cou renfermait dix vertèbres et était relativement court, pas plus long que le crâne en tout cas ; ses vertèbres étaient toutes isolées, c'est-à-dire qu'il était susceptible de flexion. Elles se distinguent de celles des autres régions par un petit os placé en dessous et nommé hypapophyse, ou par une crête ayant la même position et remplaçant ce petit os.

Les vertèbres dorsales ont, par opposition, une face inférieure franchement arrondie ; elles sont au nombre de dix-neuf.

Les vertèbres lombaires, s'élevant à vingt, manquent de côtes et ont leurs apophyses transverses placées très bas.

Les vertèbres caudales, représentées par quarante-neuf pièces, se reconnaissent aux os chevrons, curieux organes ypsiliformes attachés au-dessous des vertèbres sans leur être soudés. La queue entière était très comprimée bilatéralement et non de haut en bas.

La *ceinture scapulaire* se compose de quatre os, pairs deux à deux : les omoplates et les coracoïdes. Les omoplates sont à peine plus grandes que celles de l'homme (pour un animal de 16 mètres long !), autrement dit, elles sont minuscules. Les coracoïdes sont plus grands ; ils ne correspondent pas à nos clavicules, mais en ont à peu près la position ; ils se reconnaissent aisément à leur trou caractéristique destiné au passage des nerfs supracoracoïdiens.

Le *sternum* nous manque. Il était sans doute, comme nous pouvons l'inférer d'après les formes voisines, constitué par une plaque cartilagineuse, dentelée sur ses bords pour recevoir l'extrémité des côtes sternales.

Le *membre antérieur* a la forme d'une nageoire plutôt courte et large que longue et étroite. Il nous montre un humérus (os du bras) court et fort, suivi d'un radius et d'un cubitus (os de l'avant-bras) également ramassés, ces trois pièces ayant une forme rappelant assez bien ce qu'on voit dans les Cétacés (Baleines, Cachalots, Marsouins).

Le bras ne pouvait point plier sur l'avant-bras comme dans les Siréniens (lamantin, dugong), pas plus d'ailleurs que la main sur l'avant-bras, ainsi que le démontre la forme de l'articulation du coude et du poignet ; tout au plus y avait-il une certaine élasticité.

Le carpe (os du poignet) était ossifié.

La main, pentadactyle, était terminée par des phalanges unguéales n'ayant point la forme de griffes. Le plus long doigt portait six phalanges, et cette hyperphalangie semble n'être qu'une adaptation à la vie aquatique, d'autant plus qu'on la retrouve chez les Cétacés, les Plésiosauriens, les Ichtyosauriens, etc. ; le plus court, quatre ; d'après Marsh, le pouce en aurait eu trois, ce qui est tout à fait extraordinaire.

La *ceinture pelvienne* consiste en six os pairs deux à deux : deux iliums (os de la hanche), deux ischiums (os pour s'asseoir, comme disent les Allemands), et deux pubis (os protégeant le ventre par devant à la hauteur des cuisses). Chaque groupe de trois os forme une cavité nommée acetabulum, pour l'articulation du fémur (os de la cuisse). L'ilium est étroit et élevé ; le pubis est traversé par un trou pour la transmission du nerf obturateur, les ischiums se réunissent en symphyse sur la ligne médiane.

Les *membres postérieurs* sont semblables aux antérieurs, mais plus grands ; les nageoires paires de derrière étaient donc plus fortes que celles de devant.

Selon M. Marsh, des animaux extrêmement voisins de notre Reptile auraient eu la peau protégée par de petites écailles osseuses, ossifications dermiques comme celles des Crocodiliens, d'environ 2 centimètres de côté. Ces plaques, lisses sur la face interne, auraient été imbriquées. Je dois ajouter pourtant que nous n'avons rien rencontré de semblable avec le squelette du Saurien de Mesvin-Ciply.

IV. *Position dans le règne animal.* — Par tous les caractères de son squelette, et notamment par son condyle occipital unique, ses vertèbres, ses dents, etc., c'est un Reptile ; mais quel Reptile ? Pour répondre à cette question une petite digression est nécessaire.

Dans la nature actuelle il y a quatre ordres de Reptiles : 1° les Chéloniens ou tortues ; 2° les Crocodiliens ou crocodiles ; 3° les Lacertiliens ou lézards ; 4° les Ophidiens ou serpents. Ils sont tous presque exclusivement terrestres, car aucun d'eux n'est pleinement adapté à la vie aérienne ou pélagique proprement dite.

Par contre, les Mammifères sont beaucoup plus variés ; ils comprennent : les *Primates*, ou singes ; les *Prosimiens* ou lémuriens, sorte de singes à museau pointu ; les *Cheiroptères* ou chauves-souris ; les *Insectivores*, animaux du groupe de taupe ; les *Rongeurs*, animaux du groupe de la souris ; les *Carnivores*, animaux du groupe du chien et du chat ; les *Proboscidiens* ou éléphants ; les *Hyraciens* ou damans (les soi-disant lapins de la Bible) ; les *Cétacés* (baleines, cachalots, marsouins) ; les *Siréniens* (lamantins, dugongs) ; les *Ongulés* (rhinocéros, hippopotame, cheval, vache, etc.) ; les *Édentés*, animaux du groupe des paresseux ; les *Marsupiaux*, animaux du groupe de la sarigue ; les *Monotrèmes*, restreints à l'Australie et pondant des œufs au lieu de mettre leurs petits vivants au monde.

Mais, si les Mammifères l'emportent aujourd'hui pour la diversité sur les Reptiles, il n'en a pas toujours été ainsi. Cet état de choses ne remonte pas plus haut que le commencement de la période tertiaire. En effet, durant les temps secondaires, les Mammifères n'étaient représentés que par des bêtes minuscules, voisines des Insectivores, quoique plus généralisées, ayant aussi beaucoup de caractères des Marsupiaux, sans pouvoir être incorporées dans ce dernier groupe cependant.

Et alors les Reptiles l'emportaient considérablement par la taille et la multiplicité des familles ; car ils comprenaient, outre les quatre ordres énumérés plus haut, d'autres êtres aujourd'hui éteints :

1° Les *Plésiosauriens*, types marins, exclusivement aquatiques, à queue courte, avec deux paires de nageoires, à la petite tête dentée et au long cou de cygne.

2° Les *Ichtyosauriens*, types également marins, aussi exclusivement aquatiques, à queue longue comprimée bilatéralement, avec deux paires de nageoires, à la tête volumineuse, dentée ou non, et au cou très court. Ils étaient vivipares, chose remarquable pour des Reptiles.

3° Les *Dicynodontes*, types terrestres, peut-être fouisseurs, dont la bouche, pour toute dentition, ne portait que deux énormes défenses comme celles du morse.

4° Les *Ptérosauriens*, types aériens, sortes de grandes chauves-souris, nues ou couvertes d'écailles, mais en tout cas n'ayant pas de poils, à la gueule dentée ou non et pouvant atteindre $7^{m},50$ d'envergure.

5° Les *Dinosauriens*, types terrestres ou amphibies, bipèdes ou quadrupèdes, herbivores ou carnivores et extrêmement variés.

6° Les *Mosasauriens*, types marins, exclusivement aquatiques, à queue longue comprimée bilatéralement, à la gueule armée de dents formidables, avec deux paires de nageoires, des vertèbres procœles (ce qui les distingue des ichtyosaures), des côtes erpétospondyliques (id.), un cou modérément long (id.), un os carré mobile (id.). Ils étaient ovipares.

Par tous ses caractères, le reptile de Mesvin-Ciply fait partie du groupe des Mosasauriens. Ce sous-ordre a donc, pour nous, un intérêt spécial. Nous commencerons, en conséquence, par donner quelques détails sur les animaux qui le composent; puis nous montrerons comment le Saurien du Hainaut se sépare de toutes les formes connues avant sa découverte; après quoi nous chercherons à faire comprendre, par une comparaison prise dans les Mammifères, quelle était sa véritable nature et le rôle qu'il jouait à l'époque crétacée.

V. *Les Mosasauriens*. — C'est à l'année 1766 qu'il nous faut remonter pour rencontrer la première personne qui s'occupa sérieusement de recueillir des restes de Mosasauriens, ceux du Mosasaure proprement dit, du Mosasaure classique de Maestricht.

Après le *Mosasaurus*, on découvrit un type nouveau du même groupe en 1841, et sir Richard Owen lui donna le nom de *Leiodon*.

En 1875, le professeur E. D. Cope, de Philadelphie[1], décrivit trois genres inédits du nouveau monde : *Platecarpus, Clidastes, Sironectes*.

Enfin, en 1880, le professeur O.-C. Marsh, de Newhaven, avait caractérisé cinq genres distincts des précédents : *Baptosaurus, Edestosaurus, Holosaurus, Lestosaurus, Tylosaurus*.

Ajoutons, pour terminer, que l'auteur de ces lignes proposa aussi, en 1882, deux genres totalement différents des précédents : *Pterycollosaurus* et *Plioplatecarpus*.

VI. *Rapports du Hainosaure avec des Mosasauriens connus antérieurement*. — Voyons, à présent, s'il nous est possible d'identifier le Reptile de Mesvin-Ciply avec l'une des formes que nous venons de nommer, ou si ce Reptile constitue une forme différente.

Le Saurien du Hainaut se sépare :

De *Baptosaurus*, par ses hypapophyses qui sont libres, au lieu d'être coossifiées avec les vertèbres cervicales sus-jacentes.

______

[1] *Vertèbres crétacés.*

De *Lestosaurus*, par ses prémaxillaires (portion de la mâchoire supérieure) prolongées au delà des dents en une sorte de rostre.

De *Tylosaurus (Rhinosaurus)*, par son humérus (os du bras) large, plat et plus court que le fémur (os de la cuisse).

D'*Edestosaurus*, par ses chevrons (os de la partie *inférieure de la queue) qui sont libres au lieu d'être coossifiés avec les vertèbres sus-jacentes.

De *Holosaurus*, par ses prémaxillaires (portion antérieure de la mâchoire supérieure) prolongés au delà de leurs dents en une sorte de rostre.

De *Pterycollosaurus*, par ses ptérygoïdes (os formant le fond de la voûte palatine) qui ne sont point soudés sur la ligne médiane.

De *Mosasaurus*, par ses chevrons (os de la partie inférieure de la queue) qui sont libres au lieu d'être coossifiés avec les vertèbres sus-jacentes.

De *Platecarpus*, par ses prémaxillaires prolongés au delà de leurs dents en une sorte de rostre.

De *Plioplatecarpus*, par le défaut de sacrum (vertèbres, ordinairement soudées, qui font suite à la région lombaire).

De *Leiodon*, par son fémur (os de la cuisse) plus long que l'humérus (os du bras).

De *Sironectes*, par une plus grande simplicité dans l'articulation de ses vertèbres.

De *Clidastes*, par ses chevrons (os de la partie inférieure de la queue) qui sont libres au lieu d'être coossifiés avec les vertèbres sus-jacentes.

D'ailleurs, le Reptile de Mesvin-Ciply ne peut être

confondu avec aucun Mosasaurien déjà connu, puisque, contrairement à ce qu'on voit chez eux, il a les nageoires postérieures plus grandes que les nageoires antérieures.

Notre Saurien constitue donc un genre nouveau. Conformément aux instructions reçues de la direction du Musée, je lui ai donné le nom de *Hainosaurus Bernardi*. Le premier de ces mots, signifiant « Saurien de la Haine », a pour but de répondre au terme *Mosasaurus*, ou « Saurien de la Meuse », l'un se rencontrant dans le massif crétacé du Limbourg, l'autre dans le massif crétacé du Hainaut. Le second mot rappelle l'industriel de Mesvin-Ciply, dans l'exploitation duquel le Hainosaure fut découvert.

VII. Les *Mosasauriens sont les Cétacés des Reptiles*. — Il reste à définir d'une manière plus précise la position du Hainosaure, ou ce qui revient au même des Mosasauriens, parmi les Reptiles. Eh bien! je crois qu'on peut dire que les Mosasauriens et les Ichtyosauriens, qui en sont pourtant fort éloignés par leur organisation interne, ont joué, à l'époque secondaire, le même rôle que les Cétacés aux époques tertiaire et actuelle, les premiers dans les Reptiles, les seconds dans les Mammifères.

Les Mosasauriens étaient des sortes de grands dauphins, de gigantesques marsouins, rentrant dans le groupe des bêtes à écailles au lieu de se ranger dans les bêtes à poils.

S'il en est ainsi, il ne sera pas sans intérêt d'examiner comment marsouin et Hainosaure se séparent l'un de l'autre, toute question de structure fondamentale étant mise de côté ; car, en réalité, les deux êtres sont bâtis sur des plans différents.

VIII. *Hainosaure et Marsouin.* — Le marsouin et le Hainosaure concordent par un corps fusiforme et la présence de nageoires et de dents, ce qui est en rapport avec leur mode de vie.

Ils se distinguent en ce que :

1° Les narines du Hainosaure étaient situées à l'extrémité du museau, tandis que celles du marsouin sont placées au sommet de la tête, formant les évents.

2° Le cou du Hainosaure était modérément long et flexible, tandis que celui du marsouin est très court et rigide.

3° Le corps du Hainosaure était recouvert d'écailles osseuses ou cornées, tandis que celui du marsouin est nu ;

4° Le Hainosaure avait quatre nageoires paires, deux en avant et deux en arrière, tandis que le marsouin n'en a que deux en avant ;

5° La queue du Hainosaure était très comprimée bilatéralement, tandis que celle du marsouin l'est de haut en bas ;

6° Les dents du Hainosaure se remplaçaient indéfiniment, tandis que celles du marsouin ne sont jamais remplacées ;

7° Le marsouin allaite ses petits, ce que ne faisait assurément pas le Hainosaure ;

8° Le marsouin met ses petits vivants au monde, au lieu que le Hainosaure pondait bien certainement des œufs ;

IX. *Mœurs du Hainosaure.* — Nous avons appelé

l'attention plus haut sur ce fait que la bouche du Hainosaure n'était pas terminale comme celle de la plupart des Reptiles, mais inférieure comme celle des requins, quoiqu'à un degré beaucoup moindre. Se retournait-il, ainsi que le font ces derniers, pour saisir sa proie? C'est peu probable, car son rostre était très court. Il happait donc directement comme tous les Mosasauriens.

A quelles proies s'adressait-il? A des animaux de grande taille ou à de petits animaux? Aux uns et aux autres probablement, comme semblent l'indiquer les grandes dents des mâchoires et les petites dents ptérygoïdiennes situées sur la voûte palatine. Les premières servaient à diviser les grandes proies qui étaient avalées en morceaux sans être broyées et mastiquées. Les secondes avaient pour but de retenir le menu fretin contre toute tentative d'évasion.

Quoi qu'il en soit, le Hainosaure se nourrissait assurément de tortues marines, car nous en avons trouvé des restes dans sa carcasse.

L'œil pinéal avait-il quelque utilité dans la vie de l'animal? C'est peu probable, malgré l'opinion du professeur Wiedersheim. Il me semble qu'il était, autant qu'on peut en juger par le trou pariétal, beaucoup trop rudimentaire pour cela. Le Hainosaure se contentait donc de regarder par ses yeux pairs latéraux, et non par l'œil placé au sommet du crâne.

D'une manière générale, le Hainosaure devait être un animal pélagique, c'est-à-dire se tenant ordinairement dans la haute mer.

Comme on n'a, à ma connaissance, jamais trouvé

de restes de fœtus à l'intérieur du corps des Mosasauriens, il est vraisemblable que ces animaux étaient ovipares et non vivipares comme leurs contemporains les Ichtyosaures. Cela n'a rien d'étonnant, d'ailleurs, puisque l'oviparité est la règle chez les Reptiles et la viviparité l'exception.

Il est très probable que le Hainosaure, comme les tortues marines, s'approchait périodiquement des côtes à l'époque de la ponte.

Pondait-il de gros ou de petits œufs? C'est une question à laquelle il est bien difficile de répondre. Remarquons, cependant, que chez les Mammifères, les grands animaux n'ont que peu de jeunes. Si cette règle est applicable aux Reptiles, le Hainosaure devait avoir peu de petits. Or, nous savons que, chez les Vertébrés ovipares (Batraciens anoures, notamment), quand il y a peu d'œufs, les œufs sont gros. Il est donc possible que le Hainosaure n'ait pondu que quelques gros œufs. Cela sera assez compréhensible, d'ailleurs. En effet, si les œufs étaient petits, le jeune en sortirait à une taille très éloignée de celle de l'adulte ; il lui faudrait, par conséquent, fort longtemps pour arriver à son maximum de croissance, et cette longue période de jeunesse serait d'autant plus pleine de dangers, que les parents auraient pendant ce temps regagné la haute mer, laissant aux petits le soin de se défendre eux-mêmes.

Le mâle du Hainosaure possédait, comme on peut le conclure par comparaison, bien certainement des organes externes pairs destinés à l'accouplement. S'enroulait-il en spirale durant cet acte autour de sa femelle comme le font les requins, ou s'unissait-il à elle comme les cétacés? Il est probable que c'est ce dernier mode qu'il employait. Pour décider ce point avec certitude, il faudrait avoir des spécimens aussi conservés que les êtres qu'on trouve dans les schistes de Solenhofen.

Les Mosasauriens étaient de grands batailleurs. Nous avons, au Musée de Bruxelles, deux animaux, dont un des côtés de la mâchoire inférieure, brisé durant la vie, s'est raccommodé avant la mort, qui a peut-être eu lieu longtemps après. Ces batailles avaient-elles lieu pour attaquer une proie, ou pour se défendre, ou encore entre les mâles pour la possession des femelles? Il est assez probable que toutes ces causes contribuaient à multiplier les rixes.

Murie a fait connaître que les Siréniens (lamantin, dugong), lorsqu'ils mangent, se servent de leurs nageoires paires pour maintenir le végétal qu'ils consomment, grâce à la possibilité de la flexion du bras sur l'avant-bras. Pareille chose n'était pas possible chez le Hainosaure carnivore qui n'avait d'autre moyen de préhension que sa gueule puissante.

Le Hainosaure n'avait qu'un petit cerveau; mais, dans ce petit cerveau, il y avait des lobes olfactifs extrêmement développés. On peut en conclure que, si notre Mosasaurien n'avait pas beaucoup de cervelle, au moins il avait du nez!

Comment le Hainosaure nageait-il? Le véritable organe de propulsion était la nageoire caudale; les nageoires pectorales et ventrales, autrement dit les nageoires paires, ne lui servaient que pour se tenir en équilibre dans l'eau, et pour tourner à droite ou à gauche. Voici, du moins, quelques expériences, exécutées sur les Poissons, qui semblent démontrer cette interprétation d'une manière péremptoire.

Si l'on coupe les nageoires paires antérieures d'un poisson, il enfonce la tête dans l'eau et redresse la queue.

Si l'on coupe les nageoires paires postérieures, il relève la tête et enfonce la queue.

Si l'on coupe une nageoire pectorale et une nageoire ventrale du même côté, il se couche sur le flanc de ce côté.

Si l'on coupe les nageoires verticales, il ne peut plus progresser en ligne doite, mais décrit des sinuosités.

Si l'on coupe toute les nageoires paires, il se retourne en l'air.

Les nageoires autres que la caudale sont donc bien des organes de direction ou d'équilibre et non de propulsion.

X. *Enfouissement*. — L'animal étant mort en haute mer, par exemple, commence par se retourner le ventre en l'air, puisqu'il ne peut plus se maintenir en équilibre à l'aide de ses nageoires paires. Puis, il est poussé vers le rivage par les courants et ne tarde pas à échouer, comme les baleines de nos jours. Alors de deux choses l'une : ou il est enfoui immédiatement par les sédiments que les eaux déposent en cet endroit, ou il est peu à peu désagrégé par la putréfaction et l'action des marées. Dans le premier cas, nous retrouvons un squelette entier ; dans le second, on ne recueille plus que des os disjoints.

Il ne me semble pas douteux que, vu l'état de conservation de notre Hainosaure, cet animal a dû être enfoui assez rapidement et non ballotté long-temps par les vagues. Cette conclusion, d'ailleurs, n'est pas en opposition avec la nature des eaux qui l'ont charrié là où nous l'avons rencontré.

XI. *État du sol.* — Selon les renseignements que me communique M. Rutot, la configuration du sol belge était, vers l'époque où vivait le Hainosaure, assez différente de ce que nous constatons aujour-d'hui. En effet, la mer entrait en Belgique de deux côtés à la fois ; au nord-est, elle s'avançait jusqu'à Bruxelles, dépassant Malines et Anvers, débordant un peu au delà de Louvain, de Saint-Trond, de Waremme et de Liège ; au sud, il y avait un petit golfe attei-gnant Mons. Se formait-il dans ce golfe des sédiments abondants ? C'est ce que l'enfouissement probable-ment rapide de notre Hainosaure autoriserait à sup-poser.

XII. *Contemporains.* — Quels étaient les contem-porains du Hainosaure ? Pour les connaître nous avons trois moyens : les matériaux recueillis avec le squelette ; les êtres reconnus dans des dépôts syn-chroniques, mais en d'autres localités assez voisines ; une partie des êtres qui vécurent avant son époque et qui survécurent à son extinction.

Excluons d'abord le menu fretin dont l'énumération comprendrait des pages entières ; nous aurons encore à citer les Plésiosaures au cou de cygne, les Ichtyo-saures édentés (vraisemblablement), les Dinosauriens (ces pachydermes des Reptiles), les Ptérosauriens (chauves-souris à écailles ou nues) édentés dont la tête ne mesurait pas moins de $1^m,10$ de long, les Odontornithes ou oiseaux dentés, les Crocodiliens, peu différents de ceux de nos jours, les Chéloniens, ou tortues, peut-être de petits Mammifères insectivores, etc.

XIII. *Dimensions*. — Quelques dimensions, pour finir, ne seront pas sans intérêt.

Longueur totale présumée du Hainosaure, 16 mètres — Longueur du crâne, $1^m,55$ — Largeur du crâne en arrière, $0^m,50$ — Largeur du museau, $0^m,05$ — Longueur des narines, $0^m,43$ — Longueur de la mâchoire inférieure (qui fait saillie fortement en arrière du crâne), $1^m,63$ — Longueur d'une vertèbre, de $0^m,07$ à $0^m,13$.

CHAPITRE IV

LES ABYSSES

I. PROFONDEUR MOYENNE DES OCÉANS

Si l'on n'a connu, pendant longtemps, que les faunes littorale et pélagique de l'Océan et si l'on n'avait sur la profondeur des mers que des idées absolument vagues, cela tenait à l'absence de recherches expérimentales, auxquelles aucun calcul ne pouvait suppléer. Ce n'était évidement que par l'observation directe, c'est-à-dire par des opérations de sondage que l'on pouvait acquérir des notions précises sur la profondeur de l'Océan.

C'est seulement au commencement du xviie siècle que les premières observations de ce genre furent faites par Hooke et Boyle, mais ce n'était qu'au moyen d'un grand nombre de sondages exacts, exécutés dans toutes les mers du globe qu'on pouvait arriver avec certidude à fixer leur profondeur.

Aujourd'hui, d'après ce que nous ont appris les diverses expéditions scientifiques dont nous aurons à nous occuper tout à l'heure, il a été reconnu que la profondeur moyenne des océans est plus considérable que la plupart des évaluations anciennes ne tendaient à le faire supposer. Les calculs les plus récents montrent, en effet, qu'elle est d'au moins 3750 mètres.

II. PROFONDEUR MAXIMUM DES OCÉANS

Mais dans un très grand nombre de points, la profondeur constatée est néanmoins beaucoup plus grande, sans toutefois dépasser l'altitude des montagnes les plus élevées au-dessus du niveau de la mer. D'anciens sondages américains, faits dans le nord de l'océan Atlantique, avaient, il est vrai, indiqué qu'on ne rencontrait pas encore le fond à 11.000 mètres (lieutenant Welsh), à 13.000 (lieutenant Berryman), ni même à 16.000 mètres (lieutenant Parker); mais ces opérations ont été reconnues inexactes, grâce aux sondages plus précis faits dans ces dernières années.

C'est ainsi que la plus grande dépression constatée d'une façon positive n'est, en effet que de 8573 mètres (moins de trente fois la hauteur de la tour Eiffel), soit à peu près la hauteur des sommets les plus élevés de l'Himalaya. C'est dans le nord-est de l'océan Pacifique (où se trouvent d'ailleurs, au sud et à l'est du Japon, les plus grandes profondeurs reconnues aujourd'hui), dans le voisinage des îles Kourcles, qu'on a constaté cette dépression, connue sous le nom de *creux du Fuscarora*, en souvenir du navire américain qui fit ce fameux sondage. Ce chiffre s'accorde à peu près avec les calculs de La Place, qui, d'après l'influence exercée sur notre planète par le soleil et la lune, prétendait que la profondeur des mers ne doit pas dépasser 8000 mètres.

Une autre dépression remarquable dans l'océan Pacifique se trouve à l'est des îles Mariannes ; elle a été appelée *fosse du Challenger* et présente une profondeur maximum de 8366 mètres.

Dans l'océan Atlantique, les profondeurs ne sont pas aussi élevées. Cet Océan est divisé dans toute sa longueur (du nord au sud) par un plateau long et étroit (connu dans l'Atlantique nord sous le nom de *Plateau télégraphique*) ; il en résulte que les dépressions maximum se trouvent vers les continents et surtout vers l'Amérique, où la plus grande profondeur atteinte (7000 mètres) a été trouvée par le *Challenger*, au nord des îles Vierges (Antilles).

La Méditerranée, étant donné son peu d'étendue, ne présente pas de dépressions aussi considérables : le maximum de profondeur qu'on y ait observé est

de 4000 mètres et se trouve entre l'Italie et la Tripo-
litaine.

Les dépressions maximum se trouvent, d'une
façon générale, dans le voisinage de terres émergées
(îles ou continents) à pente très raide, dans les parties
occidentales des océans Atlantique et Pacifique, et
non pas au centre de ces océans, à de très grandes
distances des rivages.

Les grandes profondeurs sont d'ailleurs assez nombreuses pour constituer, dans les mers du globe,
une région *abyssale* qui occupe près de la moitié de la
surface de la Terre, et dont la profondeur moyenne
est de 4800 mètres.

Ces dépressions maximum sont néanmoins peu
de chose auprès de l'étendue superficielle de l'océan.
Si l'on tient compte de la courbure de la surface
terrestre, la profondeur des mers est encore si minime
que leur fond est convexe et non concave. Une
plaque circulaire de carton, d'une quarantaine de
mètres de diamètre et d'un centimètre d'épaisseur,
rendrait à peu près compte des surface et profondeur comparées des eaux marines.

III. LA VIE ABYSSALE

Aussitôt qu'il fut reconnu que l'Océan s'étendait
de cette façon en profondeur, on dut se demander si
la vie existait ou non jusque dans ces abîmes.

Mais jusqu'à une époque très rapprochée (vers
1860) les « abysses » étaient tenues pour désertes.

On croyait que, dans l'Océan, la vie était limitée à la surface et aux rivages et on prétendait que les animaux devenaient de plus en plus rares à mesure qu'on s'avançait sous les eaux, jusque vers les environs de 400 mètres, où se trouvait ce qui était appelé le *zéro de la vie animale*. Cette façon de voir était surtout défendue par un naturaliste anglais, Ed. Forbes, d'après des recherches faites dans la Méditerranée.

Cependant, dans la première moitié de ce siècle (en 1819), un célèbre navigateur anglais, sir John Ross, avait déjà reconnu, en faisant dans Possession-Bay (océan Arctique) des sondages par 15 et 1800 mètres, que des animaux (des vers, des étoiles de mer) vivaient à cette profondeur.

C'était donc un troisième groupe de la faune marine qui se révélait ainsi. On l'appela, depuis, la *faune abyssale*.

Il est néanmoins piquant de constater que, si le monde savant resta jusqu'à ces derniers temps dans l'ignorance de la faune abyssale, l'existence de celle-ci était déjà connue depuis des siècles, par de simples pêcheurs. C'est ainsi que, sur les côtes portugaises, à Sétubal, à Cezimbra, etc., on pêche, depuis une époque fort reculée, de petits squales *(Centrophorus calceus)* par 12 et 1500 mètres de profondeur, et que, en même temps, des colonies d'éponges *(Hyalonema lusitanicum)* sont parfois ramenées, accrochées aux lignes.

Mais la tradition locale voulant que ces éponges portent malheur à ceux qui les capturent, elles étaient toujours rejetées à la mer aussitôt qu'elles étaient prises ; ce qui fut cause que le fait de leur existence à de grandes profondeurs demeura si longtemps inconnu (jusqu'en 1864).

Quoi qu'il en soit, les observations de John Ross furent confirmées par son neveu James Clark Ross dans les mers antarctiques, par Goodsir et Torell dans les mers arctiques, pour les naturalistes norvégiens Asbjörnsen, Michel et George Ossian Sars, et surtout par Wallich, dans l'océan Atlantique nord.

C'est particulièrement à ce dernier, qui étudia, en 1860, sur le *Bull-Dog*, le fond de l'Atlantique, depuis les îles Britanniques jusqu'au Groenland et à Terre-Neuve, qu'on doit les premières connaissances bien positives de la faune abyssale.

L'existence de celle-ci était rendue indiscutable et fut confirmée par la découverte d'animaux fixés sur des morceaux du câble télégraphique sous-marin reliant l'Algérie à la Sardaigne, retirés entre 2000 et 2800 mètres (A. Milne-Edwards, Allmann).

Mais on n'avait jusque-là que des observations isolées, sans lien entre elles. Ce ne fut qu'à partir de 1868 que des navires furent envoyés dans différentes mers du globe, pour en explorer méthodiquement les profondeurs, d'abord par les gouvernements anglais et américain simultanément, puis par plusieurs autres États.

Une contestation s'est élevée entre les nations américaine et anglaise, au sujet de la priorité de l'exploration des mers profondes, ce qui témoigne de l'importance de la question et de l'intérêt considérable éveillé chez ces deux nations par les recherches scientifiques.

La priorité a été revendiquée par les Américains[1] pour les premiers essais de Pourtalès (1867), sur les explorations méthodiques commencées en Angleterre par Carpenter et Wyville Thomson. Or, les recherches de Pourtalès n'ont guère porté au delà de 600 mètres, profondeur à laquelle il avait été devancé par les naturalistes norvégiens.

Mais c'est par les expéditions anglaises que les grandes profondeurs de plusieurs milliers de mètres ont été pour les premières fois explorées ; et les observations de Ross et de Wallich suffisent pour assurer la priorité à la Grande-Bretagne.

D'autre part, les beaux résultats obtenus par les Américains, dans l'expédition du *Blake*, ne les obligent plus à chercher une vaine satisfaction dans une question de priorité.

[1] *Amer. journ. of science*, sér. 3, t. V, 1873, p. 399 et 400, et *Science* t. IV, 1884, p. 54.

Deuxième Partie

LES GRANDES EXPLORATIONS SOUS-MARINES ET LEURS PROCÉDÉS DE RECHERCHES

CHAPITRE PREMIER

LES EXPLORATIONS

Ainsi qu'il vient d'être dit, les premières explorations abyssales méthodiques ont été faites par des naturalistes anglais.

I. *Le « Lightning »*. — C'est en 1868 que l'amirauté anglaise mit à la disposition de sir Wyville Thomson, professeur de zoologie à l'Université d'Edinburgh et du Dr W. Carpenter, le célèbre physiologiste, le bateau à roue le *Lightning (l'Éclair)*, pour explorer l'Atlantique, entre le nord de l'Écosse et les îles Féroé. Malgré bien des déboires dus au mauvais temps et à l'état du navire, des dragages furent faits jusqu'à près de 1200 mètres et donnèrent d'importants résultats zoologiques ; en même temps la nature du fond et la température de l'eau étaient étudiées jusqu'à des profondeurs encore plus grandes.

II. *Le « Porcupine »*. — L'année suivante, Wyville Thomson et Carpenter auxquels fut adjoint Gwyn Jeffreys, eurent à leur disposition un navire mieux approprié, le *Porcupine (Porc-Épic)*, à l'aide duquel ils explorèrent le fond de l'Atlantique autour de l'Islande et jusqu'aux Féroé, au triple point de vue zoologique, physique et chimique. Ce fut alors que, pour la première fois, la drague alla se promener sur des fonds de près de 4500 mètres et qu'il fut démontré qu'à cette profondeur la mer était encore habitée. Les résultats zoologiques de ce voyage furent des plus remarquables, tandis qu'ils furent plutôt maigres pendant l'exploration de la Méditerranée, faite en 1870 par le même navire, monté par les même naturalistes.

III. *Le « Challenger »*. — Les voyages du *Lightning* et du *Porcupine* ayant démontré l'importance de l'étude du fond des mers, les naturalistes obtinrent du gouvernement anglais qu'il organiserait une grande expédition, non plus seulement dans les mers d'Europe, mais tout autour du monde. Ce fut l'expédition du *Challenger*, événement scientifique d'une importance si considérable, que nous devons nous y arrêter un moment.

Le *Challenger (la Provocante)* était une corvette à hélice de 1234 chevaux et de 2300 tonneaux de jauge. On la désarma de 16 de ses canons sur 18, afin de faire place aux installations scientifiques.

Celles-ci consistaient surtout en un laboratoire d'histoire naturelle, un laboratoire de physique et de chimie, une chambre obscure, etc., présentant tout le confort des installations anglaises. L'espace disponible, toujours très restreint à bord d'un navire, avait été utilisé de la plus intelligente façon et tous les détails de l'arrangement avaient été prévus et calculés avec une précision remarquable.

Le laboratoire d'histoire naturelle (fig. 6) était excessivement bien éclairé et disposait, par un robinet, d'une provision d'alcool remplissant un immense réservoir placé dans la partie supérieure. Tout autour, des rayons étaient garnis de bocaux et de flacons destinés aux récoltes zoologiques et assujettis par des tringles. La table de travail portait, fixés sur elle, quatre microscopes ; tous les menus instruments, pinces, aiguilles, ciseaux, étaient nickelés et de la sorte inattaquables par l'eau de mer. Enfin une importante bibliothèque était sous la main des naturalistes.

Le laboratoire de physique et de chimie était, de de son côté, garni de tous les appareils nécessaires à l'étude de l'eau de mer recueillie aux différentes profondeurs, à l'aide de « bouteilles » spéciales.

D'autre part, le navire était pourvu d'un grand nombre de dragues, chaluts, filets de toutes sortes avec leurs accessoires, des instruments de sondage les plus perfectionnés, d'appareils de thermométrie et de photométrie, de ceux destinés aux observations hydrographiques, magnétiques et météorologiques, les plus variées, enfin de tous les instruments nécessaires pour l'étude de la vie et des conditions d'existence dans les grands fonds sous-marins et dans la mer en général. Les principaux objectifs qui avaient été désignés à l'expédition étaient, en effet :

Déterminer la profondeur de l'Océan ;

Reconnaître la nature des dépôts qui se forment au fond des mers ;

Recueillir des échantillons d'eau de différentes profondeurs, depuis la surface jusqu'au fond, les examiner au point de vue physique et chimique ;

Observer la température de l'Océan aux différentes profondeurs, de la surface au fond ;

Recueillir, étudier et conserver les organismes vivant à la surface, en eau profonde et sur le fond même de la mer, etc. Donc, en résumé, de poursuivre toutes les recherches de nature à porter de la lumière sur les conditions physiques, chimiques et biologiques des mers profondes, et à l'occasion d'étudier l'histoire naturelle des contrées peu fréquentées, visitées par l'expédition.

On verra, par ce qui suit, de quelle brillante façon l'expédition du *Challenger* s'est acquittée des diverses parties de sa tâche.

Le personnel scientifique du *Challenger* avait pour chef Wyville Thomson, un des initiateurs de l'exploration des mers profondes, qui avait déjà pris part aux expéditions du *Lightning* et du *Porcupine* ; sous ses ordres se trouvaient deux naturalistes, John Murray, qui devint le chef du *Challenger Office*, après la mort de Wyville Thomson (mars 1882) et H. N. Moseley, depuis professeur à l'Université d'Oxford, un chimiste, M. Buchanan, et un dessinateur, M. Wild. Enfin, un jeune zoologiste allemand, R. von Willemoes-Sulm, accompagnait l'expédition, mais il mourut en route entre Hawaï et Taïti.

Fig. 6. — Laboratoire zoo

gique à bord du *Challenger*.

On comprendra facilement combien devait être remplie l'existence des naturalistes à bord. Chaque jour apportait des observations nouvelles à faire, par suite de la récolte d'animaux, non seulement à l'aide de dragages profonds, mais encore à l'aide de pêches pélagiques ou de surface.

Il fallait procéder au triage de la récolte et examiner sommairement la quantitité souvent énorme d'échantillons recueillis, en faire une détermination approximative au moins provisoire; puis préparer soigneusement tous ces échantillons et veiller non moins soigneusement à leur conservation, remplacer l'alcool affaibli par l'eau contenue dans les animaux; étiqueter chaque espèce en y joignant l'indication de la localité et de la profondeur auxquelles elle a été recueillie. Enfin faire très fréquemment une étude préliminaire d'animaux tout à fait nouveaux; prendre des notes et des dessins sur le vif, le plus souvent à l'aide d'observations microscopiques.

Et tout cela, non pas dans un laboratoire vaste et stable, ni dans les conditions climatériques habituelles, mais ballottés sur l'Océan, tantôt dans les régions polaires, tantôt dans l'équateur, et pendant trois années consécutives.

Aussi peut-on dire que ces naturalistes ont bien mérité de la science, tant ceux qui sont revenus que celui qui est mort en route. Et on s'expliquera aisément aussi le sympathique intérêt avec lequel les zoologistes des deux continents suivaient anxieusement leurs collègues du *Challenger* dans leur croisière, et la vive impatience avec laquelle ils attendaient l'annonce des découvertes scientifiques que ces derniers allaient faire et qu'ils envoyèrent des différents points où le navire relâchait.

Parti de Sheerness, le 22 décembre 1872, le *Challenger* gagna d'abord l'île Ténériffe et commença par traverser quatre fois l'océan Atlantique, de Ténériffe à Saint-Thomas (Antilles) et jusqu'à la Nouvelle-Écosse (Halifax), en passant par les îles Bermudes, et de là, en touchant de nouveau aux Bermudes, aux îles Açores, Canaries et du Cap-Vert, d'où, après avoir longé une partie de la côte occidentale de l'Afrique, il arriva aux rochers de Saint-Paul et puis au Brésil (Bahia), et enfin, de cette dernière ville au Cap de Bonne-Espérance, en passant par les îles Tristan da Cunha. Ces quatre traversées de l'Atlantique occupèrent toute une année.

En partant du Cap (17 décembre 1873), le *Challenger* stationna aux îles Kerguelen et alla explorer en partie l'océan Antarctique, où il courut certains dangers au milieu d'énormes icebergs.

Puis il gagna l'Australie, après quoi il toucha successivement à la Nouvelle-Zélande, aux îles Kermadec, à Tongatabu et à Api (Nouvelles-Hébrides); de là il passa entre l'Australie et la Nouvelle-Guinée; et on put, dans cette région, étudier les récifs de coraux; il visita tour à tour les îles Moluques et Philippines et toucha à Hong-Kong vers la fin de la deuxième année de croisière (décembre 1874).

En quittant Hong-Kong, le *Challenger* passa de nouveau par les îles Philippines et en quittant la mer de Célèbes, il entra dans l'océan Pacifique qui n'avait guère été exploré jusque-là, toucha successivement au nord de la Nouvelle-Guinée et aux îles de l'Amirauté d'où il se dirigea vers le Japon, en passant par les îles Carolines. Du Japon, le navire alla parcourir l'océan Pacifique suivant le quatrième parallèle, jusqu'au nord des îles Sandwich (Hawai) sur lesquelles il se dirigea alors ; puis il continua à sillonner le Pacifique jusqu'à Tahïti, d'où il gagna l'île Juan Fernandez et Valparaiso.

Alors, par le détroit de Magellan, il passa dans l'océan Atlantique où il visita successivement les îles Malouines (Falkland) et Montevideo, et rentra finalement en Europe en touchant tour à tour aux îles Ascension et du Cap Vert, et à Vigo ; il revint ainsi à son point de départ le 26 mai 1876.

De cette façon, à part l'océan Indien et l'océan glacial Arctique, toutes les grandes mers du globe furent explorées par l'expédition en l'espace de trois ans et quelques mois (exactement 1220 jours) sur un parcours de 32.000 lieues.

Ce fut là, certainement, de toutes les explorations sous-marines, la plus importante, tant par l'étendue des mers explorées que par les matériaux recueillis. Aussi a-t-elle grandement contribué à maintenir le bon renom de la nation britannique dans le domaine scientifique et a-t-elle marqué une date ineffaçable dans l'histoire de l'exploration de notre planète.

Pendant sa croisière, malgré le temps perdu dans les ports de relâche, pour renouveler son charbon, etc., le *Challenger* fit près de cinq cents sondages en eau profonde, dont trois cent cinquante-quatre furent accompagnés d'observations plus étendues, et, sur ces dernières, il y eut deux cent quatre-vingt-quatre dragages en eau plus ou moins profonde.

Le dragage le plus remarquable fut celui de la station 225 (23 mai 1875), dans le Pacifique nord, au voisinage des îles Kouriles. La drague se promena ce jour-là sur un fond de boue à Radiolaires, par près de 8200 mètres (la température du fond était de 2 degrés centigrades).

Les collections d'histoire naturelle formées pendant le cours de la croisière ont été ramassées dans tous les Océans du globe, sur un parcours de 32.000 lieues ; elles formaient une masse si considérable qu'en plusieurs points du parcours où le navire séjourna (Cap, Australie, Hong-Kong, Japon), on en consigna de grandes parties qui furent envoyées directement en Europe. Les soins dont on entoura les collections furent tels que, sur plus de six mille vases de différentes sortes, qui en constituaient la partie la plus fragile, il n'y eut que trois bocaux d'endommagés.

La répartition de ces matériaux pour leur étude scientifique ne se fit pas seulement parmi les naturalistes anglais, mais chaque division fut confiée à un spécialiste, sans distinction de nationalité. Les différents groupes de collections furent ainsi partagés entre une cinquantaine de zoologistes et botanistes, parmi lesquels il en est dont les noms sont connus même de ceux qui ne s'occupent pas spécialement de sciences naturelles : Huxley, Haeckel, Agassiz, etc. Parmi ces naturalistes il y eut des Allemands, Américains, Anglais, Autrichiens, Belges, Danois, Français, Italiens,

Neerlandais, Norvégiens, Russes, Suédois. Il est en effet inexact de dire qu'aucun Français ne fut inscrit sur la liste des collaborateurs du *Challenger Office :* car avant d'être remise à M. Henderson, l'étude des Crustacés anomoures fut confiée au D₀ Jules Barrois, directeur de la station zoologique de Villefranche.

Les publications faites à la suite de l'étude des collections rapportées par l'expédition forment une énorme quantité de travaux, véritable littérature spéciale, importante par le nombre et l'intérêt des résultats nouveaux qu'elle renferme. Les résultats zoologiques seuls se trouvent réunis dans trente-deux gros volumes in-4°, accompagnés de deux mille et quelques cents planches, qui viennent de s'achever en moins de neuf ans, grâce à l'énergie et à la ténacité bien écossaise du chef du *Challenger Office*, le D₀ John Murray.

Cette série de travaux, unique jusqu'à ce jour, constitue l'un des plus remarquables monuments de la littérature scientifique et rendra à jamais célèbre, dans l'histoire des sciences, le nom du *Challenger*.

Si, dans la suite d'autres expéditions ont été organisées dans différents pays, c'est certainement en grande partie à cause de la merveilleuse réussite de la croisière du *Challenger ;* celle-ci fut d'ailleurs la seule expédition de ce genre qui fit le tour du monde, et aucune de celles qui l'ont suivie ne peuvent rivaliser avec elle en importance.

Les plus remarquables de ces dernières sont les expéditions américaine du *Blake* et françaises du *Travailleur* et du *Talisman*.

IV. *Le « Blake »*. — Après les voyages du *Bibb* (1868), dans les eaux du Gulf Stream, et du *Hassler* (1872) autour de l'Amérique du Sud, les État-Unis organisèrent, de 1877 à 1880, les expéditions du *Blake*, sous la direction du professeur Alexandre Agassiz, de Cambridge (Mass.).

Ce navire explora, d'une façon détaillée, les grandes profondeurs de mers des Antilles, du golfe du Mexique et d'une partie des côtes orientales des États-Unis.

V. *Le « Travailleur » et le « Talisman »*. — Les expéditions françaises, comme celles du *Blake* en Amérique, se distinguent par un caractère spécial : elles eurent pour but principal d'étudier d'une façon aussi complète et approfondie que possible, une étendue relativement restreinte du fond des mers.

Cette manière de procéder devait donner des notions excessivement précises sur les conditions d'existence aux différentes profondeurs d'un même océan, et sur les organismes spéciaux à ces différents niveaux, ainsi que sur les caractères propres à la faune de la région étudiée, comparativement à celles des autres régions abyssales.

Le but poursuivi fut atteint de la façon la plus remarquable ; et, malgré le peu de durée des explorations sous-marines françaises, les résultats en furent des plus importants, grâce à la façon distinguée dont elles furent conduites par les savants éminents qui en avaient la direction.

Les expéditions françaises d'explorations sous-marines comprennent essentiellement quatre campagnes.

1° Celle du *Travailleur* en 1880, dans le golfe de Gascogne, qui dura quinze jours ;

2° La deuxième campagne du même navire en 1881, dans la Méditerranée et l'Atlantique, qui se prolongea pendant six semaines ;

3° La troisième du *Travailleur* (fig. 7), en 1882, dans l'Atlantique ;

4° L'expédition du *Talisman* en 1883, exclusivement dans l'Atlantique aussi, et qui eut une durée de trois mois (fig. 7).

1° Le *Travailleur*, à bord duquel se firent les trois premières campagnes, était un ancien navire à roues, peu propre aux longues traversées. Tel qu'il était, il rendit néanmoins de grands services à la Commission scientifique d'exploration des grands fonds sous-marins.

Sa première expédition doit être considérée surtout comme un voyage d'essai ; c'était en effet la première tentative de ce genre, faite en France. Car si, dans d'autres pays (et notamment en Angleterre et aux Etats-Unis), des entreprises analogues avaient été commencées depuis longtemps, et les naturalistes farmiliarisés avec cette sorte d'études, ce ne fut qu'en 1880 que le gouvernement français mit ses zoologistes à même de contribuer à l'exploration des mers profondes.

Aussi doit-on, à ce sujet, bien de la reconnaissance à M. de Folin[1], dont les persévérantes sollicitations furent pour beaucoup dans l'organisation de ces

---

[1] Folin, *Sous les mers, campagnes d'explorations du* Travailleur *et du* Talisman, Paris, 1887 *(Bibl. scient. cont.).*

expéditions, et à M. Alphonse Milne-Edwards qui en fut l'âme, et sous la direction duquel elle donnèrent des résultats si considérables.

En 1880, le *Travailleur* quitta Bayonne le 17 juillet, ayant à bord une commission formée de MM. Alphonse Milne-Edwards, A. F. Marion, L. Vaillant, Périer, de Folin et Fischer, et alla explorer les côtes espagnoles du golfe de Gascogne.

Cette campagne d'essai donna des récoltes des plus fructueuses et, en même temps, des plus remarquables : elle procura aux collections nationales de la France, où ils manquaient totalement les types les plus importants de la faune des abysses, et un certain nombre d'espèces nouvelles pour la science.

2° Après cette première tentative si encourageante, une deuxième campagne fut décidée en 1881, dans le but d'explorer les profondeurs de la Méditerranée, et de l'Atlantique, sur les côtes du Portugal et du Maroc.

Le *Travailleur* quitta cette fois Marseille, le 4 juillet, la commission directrice étant composée de MM. Milne-Edwards, Marion, Edm. Perrier, Léon Vaillant, de Folin, Fischer et Viallanes.

Cette deuxième campagne comprend essentiellement deux parties : une première, méditerranéenne, et une seconde, océanique.

A. Dans la première partie de la campagne, le *Travailleur* explora la partie occidentale de la Méditerranée, entre la Corse et l'Espagne ; on constata alors, dans les profondeurs modérées, la ressemblance de la faune méditerranéenne avec celle de l'océan.

Mais, au delà de quelques cents mètres, on recon-

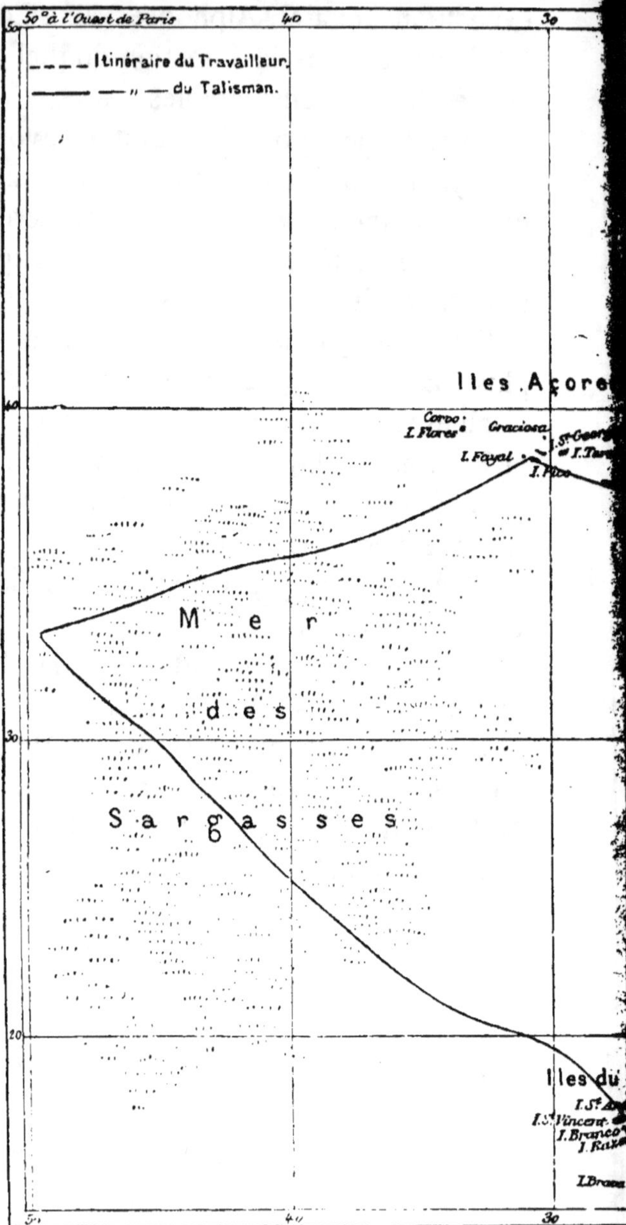

Fig. 7. — Carte des campagn

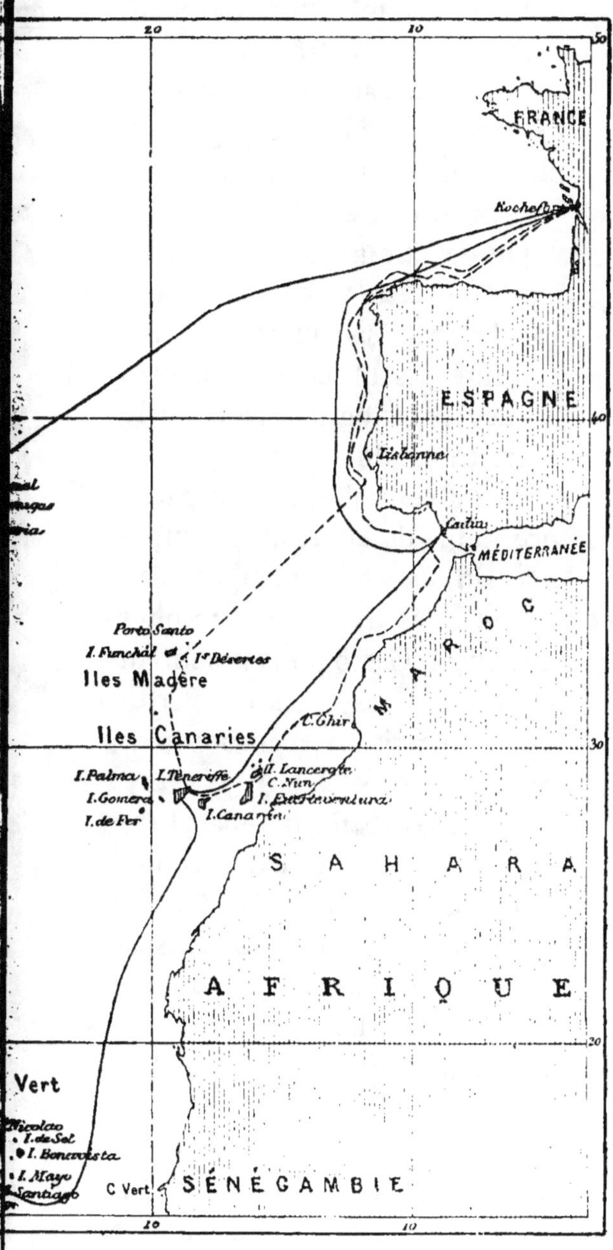

… du Travailleur et du Talisman.

nut que cette faune devenait d'une pauvreté extrême, et que, sur un fond d'argile stérile, ne se rencontraient que des éponges plus ou moins abondantes jusque vers 2600 mètres.

On remarqua également qu'à partir de cette profondeur, où la vie devenait si pauvre, la température restait constante, vers 13 degrés centigrades, au lieu de décroître graduellement.

B. Au contraire, dans la partie océanique de la seconde campagne du *Travailleur* (fig. 7), on retrouva les fructueuses récoltes du golfe de Gascogne ; elles furent même, sur les côtes du Portugal, d'une richesse encore plus grande.

3° Le *Travailleur* repartit encore en 1882, pour explorer une partie de l'Atlantique, dans le golfe de Gascogne (littoral espagnol) sur les côtes du Portugal, les côtes occidentales du Maroc, et jusqu'aux îles Canaries et Madère.

4° Enfin, en 1883 eut lieu la campagne du *Talisman*, la plus longue et la plus importante de

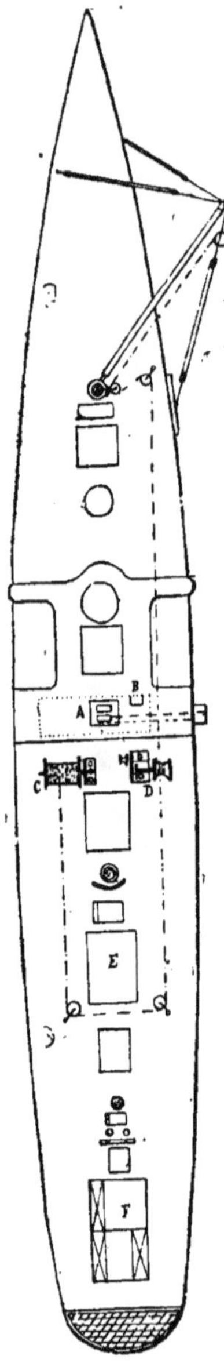

Fig. 8. — Pont du *Talisman*.

toutes. Cette fois, la commission dont faisaient partie MM. A. Milne-Edwards, Ed. Perrier et Léon Vaillant, professeurs au Muséum, de Folin, Fischer, Ch. Brongniart et Poirault, avait à sa disposition un excellent navire à hélice. En outre, l'outillage successivement amélioré, pendant les campagnes précédentes, avait atteint une grande perfection et allait faciliter la tâche des explorateurs, tout en leur donnant de meilleurs résultats (fig. 8). Le câble en acier passe d'abord dans A, A', poulies arrière; B, B' sont des poulies avant dans lesquelles passe le câble pour aller dans C ; C, poulie au bout du mât de charge; D, est un treuil de déroulement et de remonte ; E, est la bobine sur laquelle s'enroule le câble; F, chambres.

Le *Talisman* prit la mer le 1ᵉʳ juin, partant de Rochefort, où il devait rentrer le 31 août. Il passa rapidement le long des côtes océaniques de l'Europe méridionale où il ne fit que quelques observations, vu qu'elles avaient déjà été étudiées par les expéditions précédentes.

C'est au large du littoral marocain, que furent faits les premiers dragages importants, qui se poursuivent jusqu'à Ténériffe.

Des Canaries, le *Talisman* se dirigea sur l'archipel du cap Vert, d'où il poussa vers la mer des Sargasses, à la recherche des plus grandes profondeurs, tout en sondant et en draguant.

Enfin il revint en France en passant par les Canaries, au delà desquelles il fit encore d'importants dragages.

Pendant cette dernière campagne, il fut fait deux

FIG. 9. — Vue de l'exposition du *Travailleu...*

Talisman, au Muséum d'histoire naturelle.

Fig. 10 — Vue de l'Exposition du *Travailleur* et du *Talisman*, au Muséum d'histoire naturelle.

cent douze sondages d'une exactitude rigoureuse. Les dragages furent également très nombreux, puisqu'on en fit parfois trois en un jour ; un certain nombre de ceux-ci furent faits par des profondeurs de plus de 5000 mètres. La perte d'une grande quantité de câble d'acier empêcha seule que les dragages profonds fussent plus nombreux.

Les admirables récoltes du *Travailleur* et du *Talisman* ont été exposées publiquement à Paris, et un nombre considérable de personnes ont pu les examiner[1]. Toutes ont certainement gardé un souvenir ineffaçable de ces animaux, Poissons, Crustacés, Echinodermes, etc., à l'aspect caractéristique si frappant, et qui constituaient une véritable révélation (fig. 9 et 10).

CHAPITRE II

LES PROCÉDÉS

Les principaux appareils employés dans l'exploration des mers profondes, sont la sonde, la drague, le chalut et les autres filets, les thermomètres, les bouteilles à eau, etc.

I. *Appareils de sondage*. — La sonde moderne consiste simplement en une ligne portant, à la descente, un poids très lourd qu'elle abandonne automatique-

---

[1] Voyez Edmond Perrier, l'Exposition du Talisman (*Science et Nature*, 1884, tome I, p. 232).

ment au moment où elle touche le fond, de façon
à ce qu'il ne pèse plus alors sur la ligne.

Cette disposition a été réalisée pour la première
fois par la sonde de Brooke, de la marine américaine (1854), dont les sondes plus récentes ne sont
que des modifications. Dans cet appareil, le poids est
un boulet d'une trentaine de kilogrammes, percé suivant un diamètre, par un trou cylindrique, où passe,
à frottement doux, un cylindre métallique qui termine
la ligne. Celle-ci se bifurque au point où elle joint le
cylindre, et ce dernier est relié aux deux branches de
la ligne par deux bras mobiles autour d'une même
charnière. Des crochets, pratiqués dans ses bras, retiennent les cordes qui soutiennent le boulet.

Si donc la sonde descend, les bras mobiles ci-dessus sont relevés par la traction de la ligne, et le boulet
est soutenu. Mais, aussitôt qu'elle atteint le fond, la
ligne n'étant plus tendue, les deux bras s'abaissent et
les cordes qui retiennent le boulet se détachent, de
sorte que ce dernier tombe au fond. Aussitôt que
la ligne n'est plus tendue, elle cesse de se dérouler
et la longueur filée indique la profondeur atteinte.

Pour atteindre à de très grandes profondeurs, on
augmente encore la charge de la sonde, en remplaçant
le boulet unique par un certain nombre de disques
métalliques percés au centre (fig. 11 et 12). En outre,
pour rapporter un échantillon du fond, le cylindre qui
traverse ces disques est creux, ouvert inférieurement
pendant la descente et se fermant automatiquement
(par la chute des poids de charge) après avoir atteint
au fond et en avoir enlevé un échantillon.

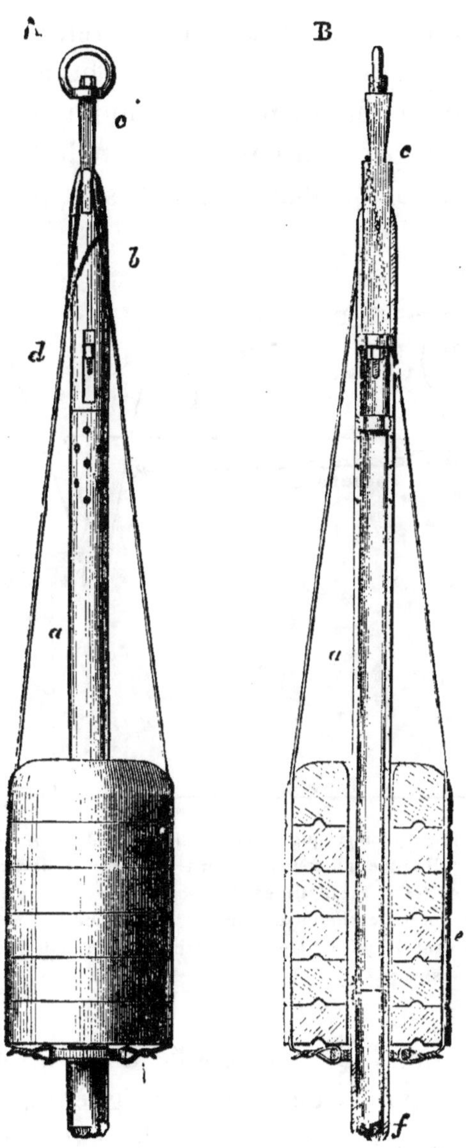

Fig. 11 et 12. — Sondes à déclenchement. *a*, *b*, *c*, tube métallique ; *f*, soupape.

La ligne en corde de chanvre offrant, par sa surface, une trop grande prise aux courants sous-marins et aux mouvements de l'eau, a été remplacée (cette innovation est due, à sir William Thomson) par un fil d'acier d'un petit diamètre (un millimètre environ) et à surface par conséquent très réduite, que l'on protège contre l'oxydation en la faisant passer, avant

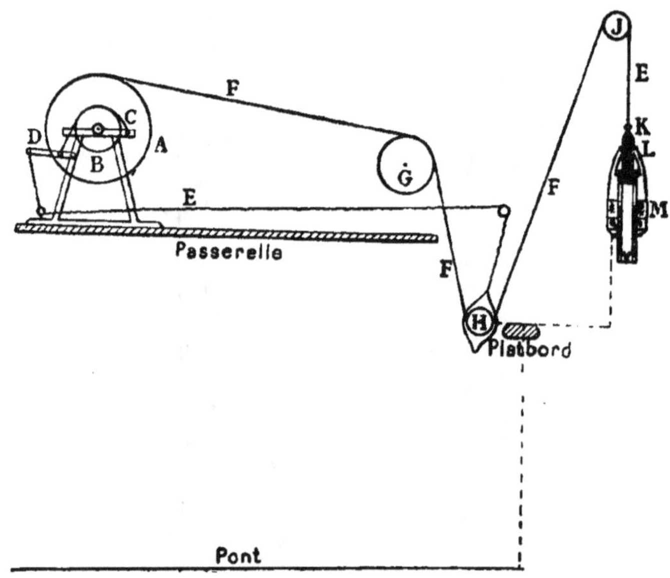

Fig. 13. — Tracé géométrique de la machine à sondage. A, bobine d'enroulement; B, roue du frein; C, lame de frein; D, levier de frein; E, corde de frein; F, fil de sonde; G, roue de gorge de compteur; H, roue à gorge de chariot du tendeur; I, chariot tendeur; J, poulie de déroulement; K, pince à glissière du tendeur; L, agents de suspension; M, poids auxiliaire.

son immersion, sur une poulie dont la gorge est graissée. Le poids de ce fil n'est guère que 7 kilogrammes par 1000 mètres, ce qui rend la sonde plus facile à remonter.

Pour donner une idée de l'importance d'une opération de sondage dans les grandes profondeurs (fig. 13), il suffira de dire que la descente de la sonde, à cause de la résistance de l'eau, dure souvent plus d'une heure (jusqu'à une heure et quart même) et qu'il faut près du double de temps pour remonter l'appareil, alors qu'il a été déchargé de son poids.

Les opérations de sondage sont faites maintenant avec une assez grande précision pour qu'on puisse assurer que les plus grandes profondeurs mesurées sont exactes à peu de mètres près.

II. *Appareils de dragage ou de récolte des animaux sous-marins.* — Le principe du dragage consiste essentiellement à racler le fond de la mer avec un appareil analogue à celui dont se servent les pêcheurs d'huîtres (drague) ou les pêcheurs de poisson de fond (chalut).

Les premières applications de ce principe furent faites au siècle dernier par de Marsigli[1], Donati, et surtout le célèbre zoologiste danois O.-Fr. Müller, mais toujours à des profondeurs très faibles, ne dépassant pas 50 mètres.

L'appareil de O.-F. Müller était un simple sac à huîtres tendu sur un cadre métallique à quatre côtés égaux et munis de lames permettant de racler le fond. Mais l'ouverture carrée de cette drague lui permettant trop facilement de se vider, on en revint à la forme de drague à huîtres, c'est-à-dire qu'on réduisit beaucoup la longueur de deux côtés opposés du cadre d'ouverture. Cet appareil porte alors le nom de *drague*

---

[1] Marsigli, *Histoire physique de la mer*, Amsterdam, 1725.

de Ball (fig. 14). Les deux grands côtés de l'ouverture sont munis d'un racloir en fer, incliné et tranchant (tandis qu'à la drague à huîtres un seul des grands côtés en est pourvu. Cette disposition permet à la drague de

Fig. 14. — Drague.

fonctionner toujours, quel que soit le côté sur lequel elle tombe au fond. Le sac attaché au cadre métallique est un filet de cordelette, dont le fond est à mailles très serrées ou bien formé de canevas ; afin de protéger ce sac en filet, on l'enveloppe d'un sac en cuir, qui résiste aux rochers sur lesquels le filet s'arracherait.

Théoriquement, le fonctionnement de la drague de Ball est parfait. On peut, en effet, en la traînant sur un parquet, ramasser les pièces de monnaie qu'on y a éparpillées. De même, en pratique, pour un très grand nombre de cas, elle rend de grands services. Mais, sur les fonds mous et vaseux, le sac de cuir, ne laissant pas passer la vase, s'emplit rapidement et, une fois rempli, ne capture plus rien. D'autre part, l'ouverture étroite de la drague ne permet de prendre que des animaux d'assez petite taille, et encore ceux qui sont très agiles échappent-ils parfois facilement.

Aussi la drague est-elle, dans certains cas, avantageusement remplacée par le chalut, qui, pour la première fois permit de capturer de gros animaux de profondeur, tels que des poissons.

Ce chalut est conformé à peu près comme celui des pêcheurs de poissons de fond, avec cette différence que l'appareil métallique de l'ouverture (qui peut avoir 2 ou 3 mètres de large) est pareil en haut et en bas, de telle sorte que le chalut peut indifféremment tomber sur n'importe quel côté et servir néanmoins.

Le sac est un grand filet dont l'ouverture est maintenue béante par des morceaux de liège. Un second filet plus solide, entoure le premier ; les mailles en sont plus fines surtout vers le fond, qu'on peut ouvrir, dans les deux, en le délaçant, quand le chalut remonte rempli.

Le chalut ainsi construit ne s'emplit pas de vase, qui filtre au travers des mailles : celles-ci ne retiennent alors que les animaux seulement.

Pour fonctionner (fig. 15) le chalut ou la drague est attaché à une corde de chanvre ou à une corde métallique ; cette dernière est moins volumineuse et d'une façon générale, plus résistante.

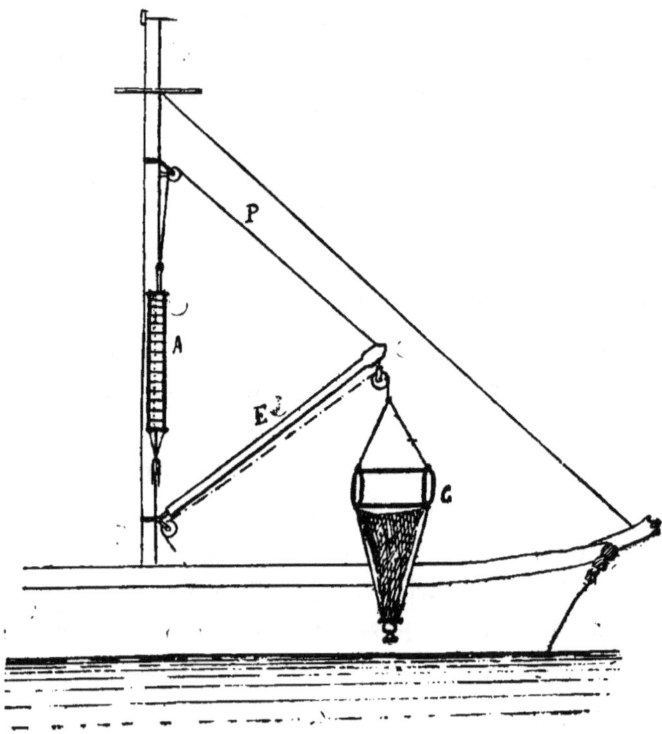

FIG. 15. — Mise en place du chalut pour être immergé. A, accumulateur C, chalut ; E, mât de charge ; P, pantoire soutenant le mât de charge.

Pour que l'appareil racle le fond, il faut toujours filer une longueur de câble supérieure à la profondeur de l'endroit où l'on drague de 800 à 1000 mètres (en plus). En outre, il faut aussi, pour que le filet ne reste pas suspendu entre deux eaux, attacher à la corde, a quelques cents mètres en avant, un poids assez considérable de 100 à 200 kilogrammes) et en placer un autre au fond du sac.

Très souvent, avec les dragues ou les chaluts on emploie un appareil accessoire appelé *faubert*, dont l'invention est due au capitaine Calver qui commandait le *Porcupine*. Le faubert est simplement un paquet

FIG. 16. — Drague avec ses fauberts.

de vieux filin en forme de houppe, à l'aide duquel on nettoie le pont des navires. Cette sorte de chevelure en corde est placée sur les côtés de l'ouverture du filet (fig. 16) ou bien au fond du sac. Elle convient spécialement pour retenir les animaux présentant des appendices ou des épines, comme, par exemple, les Crustacés, les Echinodermes, les Éponges siliceuses, etc.

La durée d'une opération de dragage, par une profondeur un peu importante, est toujours de plusieurs heures; elle peut même occuper la plus grande partie d'une journée (7 ou 8 heures).

Le filet de dragage ramenant indistinctement, lorsqu'il remonte, tous les animaux rencontrés entre le fond et la surface, il en résulte qu'on ne peut avoir, en procédant de cette façon, de notions précises sur le niveau bathymétrique auquel vivent ces animaux. Aussi a-t-on construit, pour explorer les profondeurs comprises entre la surface et le fond, des filets pouvant s'ouvrir avant la pêche, à une profondeur déterminée et s'y fermant également aussitôt après. De cette manière, on peut constater exactement quels sont les animaux vivant entre le fond et la surface, et le niveau précis qu'ils habitent.

III. *Appareils thermométriques.* — Ce sont simplement des thermomètres à minima protégés par une seconde enveloppe de verre très épais, afin de présenter une plus grande solidité et de pouvoir résister aux pressions énormes qu'ils doivent supporter.

Un thermomètre ainsi protégé s'attache au-dessus de la sonde. Mais, comme dans certains cas, très rares il est vrai, la température la plus basse n'est pas au fond, mais un peu au-dessus, on a plus récemment employé des thermomètres à tube rétréci un peu au-dessus du réservoir à mercure, ce qui ne permet à ce liquide de passer de ce réservoir dans le tube que lorsque l'appareil est placé le réservoir en bas.

Le thermomètre, dans son enveloppe protectrice, est alors disposé de façon à descendre avec la sonde, dans cette dernière position et à se retourner automatiquement au moment où la sonde atteint le fond (par suite de la chute des poids de cette dernière). Le retournement sépare le mercure du tube de celui du réservoir. La colonne mercurielle du tube, dont le volume n'est guère affecté par les variations de température, indique alors, par sa hauteur, la température du fond.

Le même principe peut être appliqué pour constater la température à des profondeurs déterminées, par le retournement simultané de thermomètres analogues, disposés le long de la ligne de sonde.

IV. *Bouteilles à eau*. — Les instruments à l'aide desquels on recueille de l'eau de mer d'une profondeur déterminée, sans mélanges avec celles d'autres niveaux, consistent simplement en cylindres métalliques solides, munis, aux deux extrémités, de soupapes qui restent ouvertes pendant la descente (par suite de la résistance du liquide), de sorte que l'eau de mer les traversera sans y demeurer. Mais, aussitôt que la bouteille remonte, les soupapes se ferment (également par suite de la résistance du milieu) de façon que la bouteille est alors remplie d'eau prise au niveau où elle s'est arrêtée dans sa descente, puisque c'est là qu'elle s'est fermée.

Dans l'intérieur de la bouteille, l'eau garde la pression qu'elle subissait à la profondeur où elle a été recueillie. Il en résulte qu'au moment où l'on ouvre l'appareil, à la surface de la mer, le liquide qui en sort, se trouvant brusquement soumis à une pression beaucoup moindre, dégage la plus grande partie des **gaz** qu'il renferme et offre l'aspect d'eau gazeuse.

Outre ces différents instruments essentiels, l'exploration des mers profondes en nécessite encore quelques autres de moindre importance.

Troisième Partie

LES CONDITIONS D'EXISTENCE DANS LES ABYSSES

CHAPITRE PREMIER

NATURE DU FOND

Les principales conditions d'existence qui peuvent
influer sur les habitants des grandes profondeurs sont
surtout : la nature du fond, la température, la
lumière, la pression et les gaz dissous dans l'eau.

A la surface des continents et sur les fonds de profondeur modérée (inférieurs à 500 mètres) qui sont
voisins des côtes, se trouvent des montagnes et des
vallées. La comparaison des nombreux sondages faits
dans ces dernières années montre qu'il n'en est pas
ainsi au fond des grands océans.

Aspect général. — Dans les abysses, l'aspect général du fond est celui de vastes plaines ondulées, sans
rides ni saillies, sauf dans les régions volcaniques sous-
marines, où existent des cônes à pente douce. L'in-

clinaison habituelle de ces plaines n'est que de 3 ou
4 degrés et souvent même elle est inférieure; elle est
donc si faible qu'une locomotive pourrait y marcher
en ligne droite sans aucune difficulté; les animaux
n'y peuvent glisser contre leur volonté, mais doivent
parfois accomplir de longs voyages pour aller d'un
à un autre point.

La pente la plus raide est, d'après le capitaine
Tizard, aux îles Bermudes, où il y a une inclinaison
de 20 degrés, depuis le récif de coraux qui les entoure,
jusqu'à 4 kilomètres de profondeur.

D'une façon générale, les pentes les plus considérables se trouvent aux approches des continents et
des terres émergées; car, de même que les hauts sommets ne se trouvent pas au centre de continents, les
parties centrales des océans ne sont pas les plus profondes; et de même que les grandes chaînes de montagnes sont voisines des océans et courent paral-
lèlement à leurs bords, les grandes profondeurs
sous-marines se trouvent vers les continents et sont
également parallèles aux côtes.

Il en résulte que la surface de notre planète peut
être considérée comme composée de plateaux élevés
et de grandes aires submergées. Mais, comme on sait,
les surfaces relatives de ces parties, sont 2/11 pour
les premières et 9/11 pour les secondes; et de même
la hauteur moyenne des plateaux émergés est bien
inférieure à la profondeur moyenne des aires submergées, de sorte qu'on peut évaluer les volumes
respectifs des terres émergées à 1 et des eaux océaniques à 25.

Quant à l'âge de ces grandes masses continentales et de ces grands creux océaniques, on peut dire qu'il est très ancien ; les grands continents semblent avoir toujours existé là où nous les trouvons aujourd'hui et de même, les grands bassins océaniques ont toujours été ce qu'ils sont : tous deux sont des aspects permanents de la surface du globe aussi anciens que l'âge géologique. On n'a, en effet, retrouvé aucune trace, de l'Atlantide qui aurait existé autrefois dans l'Atlantique, de la Lémurie, dans l'océan Indien, et du continent tertiaire supposé dans l'océan Pacifique sud. Ce sont donc des continents imaginaires et l'océan a toujours existé là où la tradition ou les hypothèses les avaient placés.

Les grandes plaines abyssales qui forment le fond des océans ne sont, en aucun endroit, constituées par des roches dures ou cohérentes ; mais sont essentiellement des aires de sédimentation, c'est-à-dire qu'il s'y forme, avec le temps, un dépôt meuble de substances qui sont en suspension dans l'eau et qui proviennent de la surface.

Car, les sédiments de mer profonde, qui occupent plus des trois huitièmes de la surface du globe terrestre, sont en effet des dépôts d'origine pélagique. Parmi ces sédiments, il y a à distinguer les boues organiques et l'argile rouge des grands fonds.

Boues organiques. — Elle sont de nature différente, suivant les organismes qui y prédominent et qui existent par conséquent en grande quantité à la surface, dans la région où se forme le dépôt. C'est ainsi qu'on en connaît quatre aspects différents : *boue à*

Ptéropodes, boue à Globigérines, boue à Radiolaires et *boue à Diatomées*.

I. *Boue à Ptéropodes.* — Elle est formée en majeure partie par des coquilles de Mollusques pélagiques appelés *Ptéropodes;* elle existe dans les zones tropicale et subtropicale (où ces organismes abondent à la surface), à des profondeurs inférieures à 2700 mètres en moyenne.

II. *Boue à Globigérines* (fig. 17). — Cette boue est constituée essentiellement par des coquilles de Foraminifères perforés appartenant surtout au **genre** *Globigerina*. Découverte dans l'Atlantique par Brooke,

Fig. 17. — Boue à globigérines.

l'inventeur de la sonde de ce nom, elle a été retrouvée depuis, en des profondeurs comprises entre 900 et 5000 mètres environ, dans les mêmes régions que la boue à Ptéropodes, c'est-à-dire dans les zones tropicale et subtropicale des grands océans ouverts : vers le sud, jusqu'au cinquantième degré, dans l'Atlantique nord, partout où s'étend le Gulf Stream, car les Globigérines sont des animaux de mer chaude.

Ces deux dépôts boueux sont très analogues. Constitués tous deux par des coquilles calcaires, ils ne se rencontrent jamais, ainsi que l'a découvert M. John

Murray, pendant l'expédition du *Challenger,* au delà
d'une profondeur de 5000 mètres ; ce phénomène est

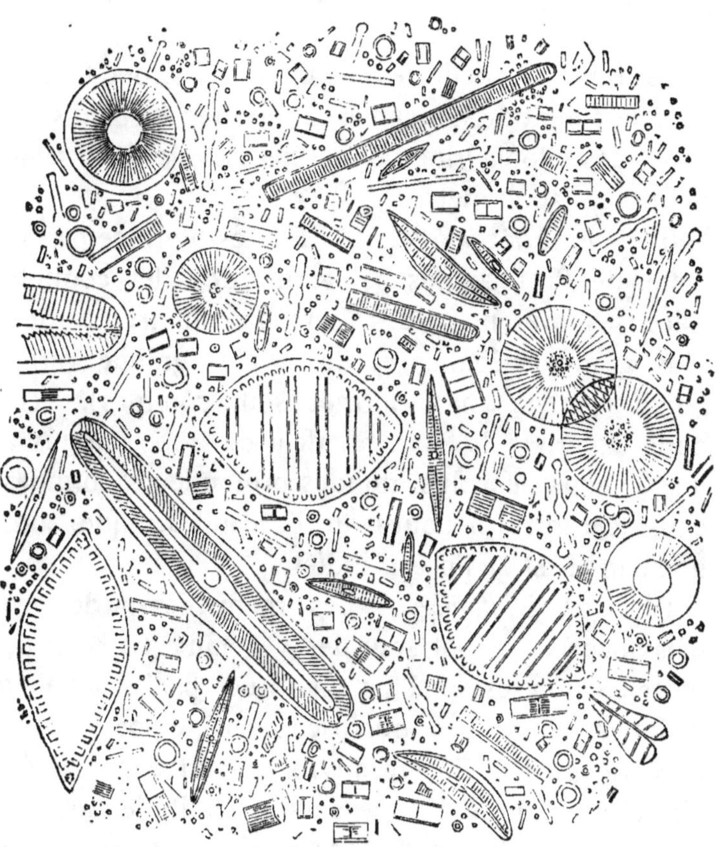

FIG. 18. — Diatomées.

dû à ce que les coquilles calcaires de Globigérines et
de Ptéropodes, lorsqu'elles tombent dans les profondeurs, après la mort de leurs habitants, sont peu à
peu dissoutes, non pas par l'anhydride carbonique,
qui ne se trouve pas en assez grande quantité pour

11.

cela, dans l'Océan, mais par l'eau de mer elle-même qui, malgré la réaction légèrement alcaline qu'elle possède, dissout le carbonate de chaux si on lui donne le temps suffisant.

Les minces et délicates coquilles de Ptéropodes sont complètement dissoutes vers 2700 mètres, tandis que celles des Globigérines, plus épaisses, le sont seulement vers 5000 mètres.

III. *Boue à Radiolaires*. — Elle est formée par les restes de Protozoaires pélagiques dont les coquilles siliceuses présentent des formes géométriques de la plus grande élégance et de la plus grande variété (environ deux mille formes sont connues). Cette boue recouvre le fond, au delà de 4000 mètres et jusque dans les plus grandes profondeurs connues, dans le centre et l'ouest de l'océan Pacifique, ainsi que dans l'est de l'océan Indien.

IV. *Boue à Diatomées*. — Les organismes qui donnent naissance à ce dépôt sont des végétaux. La boue qui porte ce nom est en effet constituée par le squelette d'algues pélagiques microscopiques, appelées *Diatomées* (fig. 18). Elle recouvre le fond dans l'Océan glacial antarctique, jusque vers une latitude moyenne de 50 degrés et s'étend à des profondeurs assez considérables, 3600 mètres par exemple.

V. *Argile rouge*. — Ce sédiment se distingue des boues organiques dont il vient d'être question par la prédominance d'éléments inorganiques amorphes. Il constitue une argile plastique, grasse, formée de particules impalpables dont l'origine a été le sujet de longues discussions et se trouve principalement dans les cendres et les poussières volcaniques diverses qui tombent à la surface de l'Océan.

La couleur brun rouge de cette argile est due à des oxydes de fer et de manganèse (cette dernière substance se trouvant en grande abondance au fond des mers et provenant de la décomposition des matières volcaniques). L'argile rouge renferme des sphérules de fer natif et d'autres substances rares d'origine incontestablement extra-terrestre ou cosmique.

Le dépôt de l'argile rouge se fait avec une grande lenteur. On trouve en effet sur les fonds de cette nature, un grand nombre de dents de Squales et d'os tympaniques de Baleines, qui ne sont entourés que d'une mince couche d'argile de quelques centimètres d'épaisseur. Or ces dents et ces os appartiennent à des espèces éteintes, ayant vécu à l'époque tertiaire. Il a donc fallu un temps énorme pour déposer, sur ces restes, la mince couche d'argile rouge qui les recouvre.

Pour ce qui concerne la distribution géographique de ce dépôt, on peut dire qu'il occupe une vaste étendue au fond des mers : au delà de 4000 mètres de profondeur, on le rencontre partout, entre 45 degrés de latitude nord et 45 degrés de latitude sud.

CHAPITRE II

TEMPÉRATURE

Quand on s'enfonce dans le sein de la terre, la température s'accroît avec la profondeur; dans la mer, on n'observe rien de pareil.

Cela tient à ce que l'eau, étant mauvaise conductrice de la chaleur, ne peut s'échauffer que superficiellement, parce que l'eau chaude étant moins dense, reste à la surface.

Il s'ensuit que, dans les océans de grande étendue et largement ouverts, la température s'abaisse à mesure que la profondeur augmente, et l'eau la plus froide est rencontrée au fond.

Vers 1000 mètres de profondeur, la température est déjà tout à fait indépendante de celle de la surface et n'est plus soumise à l'influence des saisons: elle est, en moyenne, un peu supérieure à 4 degrés centigrades, et cela s'observe, même sous l'équateur, dans l'océan Atlantique et dans l'océan Pacifique.

Si l'on s'enfonce d'avantage, la température décroît insensiblement, de telle sorte qu'au delà de 4000 mètres, elle est uniformément, dans les grands océans, assez voisine du point de congélation de l'eau douce.

Si, au lieu de vastes océans, largement ouverts,

on a affaire à des mers réduites en surface et en profondeur, limitées par des barrières s'opposant à la libre circulation des eaux, on observe au contraire que, à partir d'une certaine profondeur, assez modérée, la température reste constante jusqu'au fond.

C'est ainsi que, dans la mer Méditerranée, au delà de 300 mètres, on observe une température constante de 13 degrés centigrades à peu près ; cela tient à ce que la Méditerranée est une sorte de cuvette surchauffée, dont les eaux chaudes ne peuvent s'échapper, tandis qu'au contraire un courant superficiel, venant de l'Atlantique, y apporte de l'eau chauffée, sortant de ce dernier Océan.

Il en est de même pour la mer Rouge, où à 1000 mètres il règne encore une température de 21 degrés centigrades, et au fond, dans les plus grandes profondeurs, 13 degrés.

De même encore, pour certaines mers renfermées de l'archipel Malais, comme la mer de Banda, entre l'Australie et la Nouvelle-Guinée ; la mer Mindanao, etc.

CHAPITRE III

LUMIÈRE

I. *Généralités*. — Une partie de la lumière solaire qui tombe sur la surface de l'Océan est réfléchie ; une autre partie est absorbée ; enfin le reste est transmis, c'est-à-dire passe au travers de l'eau superficielle et va éclairer les couches sous-jacentes.

Dans celles-ci, les mêmes phénomènes se reproduisant, il est clair que l'absorption de lumière augmente à mesure que l'on descend, et qu'il y a de moins en moins de rayons transmis. Il en résulte évidemment qu'il y aura un niveau déterminé au delà duquel, l'absorption étant complète, le milieu n'est plus éclairé par la lumière du soleil.

A quelle profondeur a lieu cette extinction des derniers rayons solaires ?

On comprendra tout de suite qu'il n'y a pas de limite fixe pour toutes les parties de l'Océan.

Près des continents, par exemple, la transparence est excessivement variable : on sait que dans la mer du Nord, l'eau est très trouble et par conséquent peu transparente ; mais à peu de distance vers le sud, on trouve, dans le Boulonnais, une transparence déjà plus grande ; et en Bretagne ou dans la Méditerranée, l'eau est d'une transparence parfaite, si bien qu'on peut très aisément distinguer les objets qui se trouvent sur le fond, lorsque celui-ci n'est qu'à une trentaine de mètres de la surface.

Mais, pour apprécier la pénétration de la lumière à de plus grandes profondeurs, ce n'est plus, évidemment, tout près des côtes qu'il faut expérimenter.

Des observations plus ou moins précises ont été faites autrefois dans ce sens, par Secchi, par de Pourtalès Lorenz, par la Commission austro-hongroise de l'Adriatique (fig. 19) etc., et ont donné des résultats différents, suivant l'expérimentateur, les maximums obtenus ne dépassant pas toutefois, 275 mètres.

D'autre part, il a été soutenu plus récemment, par Verill, qui ne se base que sur des présomptions, que la lumière du soleil pénètre avec l'intensité de celle de la lune, jusqu'à près de 5500 mètres, c'est-à-dire jusqu'aux dernières limites de la vie sous-marine !

Le principe sur lequel on s'est basé actuellement pour déterminer la pénétration de la lumière solaire dans l'eau de mer, consiste simplement à exposer successivement à divers niveaux, un papier sensible photograhique à l'action des rayons qui arrivent jusqu'à ces profondeurs.

Des expériences très délicates de ce genre ont été faites par le professeur Hermann Fol, dans la Méditerranée, au large de la Corse, et lui ont donné comme limite maximum 465 mètres. Un chiffre un peu plus élevé, obtenu par le professeur Chun, au large de l'île de Capri, est peut être dû d'après Fol, à un accident survenu à l'appareil, et ne semble pouvoir être atteint qu'en plein Océan, avec le soleil au zénith.

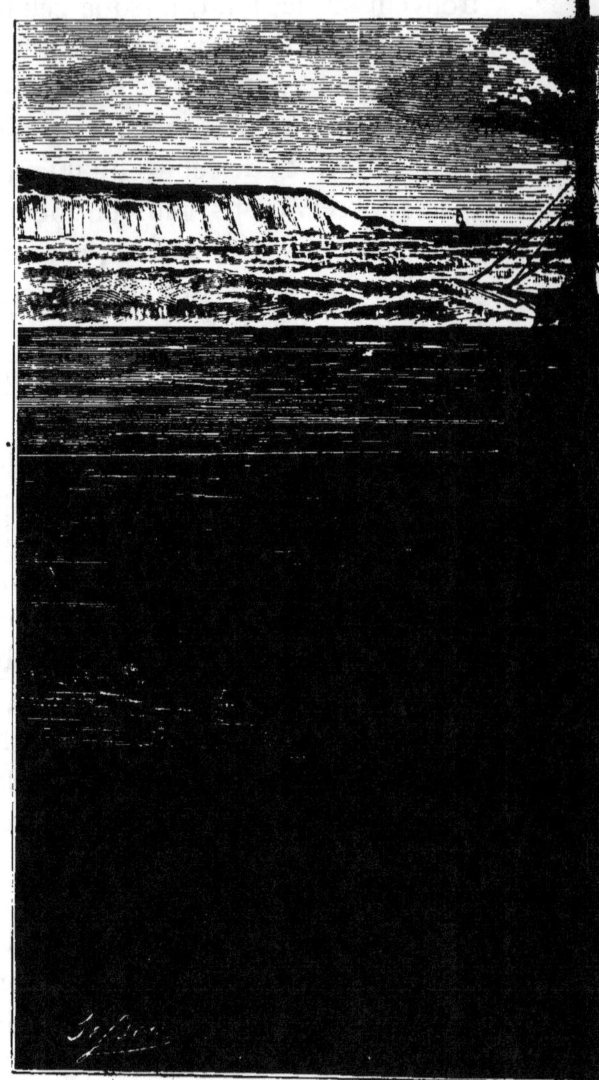

Fig. 19 — Pénétration de la lumière dans l'eau; expérience de

M. Wolff et Fuchs sur l'*Héria* (*Commission adriatique* austro-hongroise).

Une objection a été faite à cette manière de procéder, par le professeur G. Pouchet, d'après lequel le fait que les rayons chimiques ne pénètrent pas au delà d'une profondeur déterminée, ne prouve pas nécessairement que des rayons lumineux (n'agissant pas sur le papier photographique) ne pénétrent pas plus loin. On sait en effet qu'il y a des substances qui, sans conditions d'épaisseur, éteignent les rayons chimiques et laissent passer des rayons lumineux ; c'est le cas pour le verre d'urane, le verre rouge des chambres photographiques, etc.

L'extinction des rayons chimiques et des rayons lumineux ne se fait donc pas simultanément. Mais peut-on comparer l'extinction produite par le verre rouge ci-dessus, due à la nature même de celui-ci, à celle produite par l'eau de mer, qui n'est due qu'à l'épaisseur de la couche considérée? Cela semble peu logique ; et, s'il est permis de croire, ce qui est fort admissible, que des rayons lumineux pénétrent, avec une faible intensité, un peu plus loin que les rayons chimiques ou actiniques, il est absolument impossible d'accepter l'hypothèse, rapportée plus haut, d'après laquelle des rayons lumineux arriveraient jusqu'aux grandes profondeurs des océans.

En effet, l'opinion de Verrill, à laquelle il est fait allusion, suppose que les rayons qui ne parviennent pas jusqu'à 5500 mètres sont ceux de la moitié rouge du spectre ; or, les expériences photographiques indiquées ci-dessus montrent au contraire que les rayons éteints les premiers appartiennent précisément à l'autre moitié du spectre solaire.

D'ailleurs, un grand nombre de faits biologiques démontrent l'absence de lumière dans les grandes profondeurs, car ils ne peuvent qu'en être les conséquences. Tels sont les suivants :

II. *Modification des organes visuels.* — Dans les grandes profondeurs, il existe un nombre très considérable d'animaux dont les yeux sont rudimentés ou atrophiés. La faune abyssale se trouve, à cet égard, analogue à la faune des grottes et des cavernes, pour laquelle l'absence de lumière est indiscutable et qui renferme également un grand nombre d'animaux aveugles, chez lesquels l'œil a disparu par suite de son inutilité.

Il en est de même pour un certain nombre d'animaux pélagiques, qui s'enfoncent à de grandes profondeurs entre la surface et le fond : beaucoup d'entre eux sont aveugles ou ont les yeux atrophiés. D'autre part, on sait que, parmi les animaux littoraux, il en est peu dont les organes visuels soient en régression ou avortés.

III. *Phosphorescence.* — Parmi les animaux littoraux, il n'y en a de même qu'un petit nombre qui soient normalement phosphorescents. Au contraire, le nombre des animaux abyssaux phosphorescents est très considérable et il s'en trouve dans tous les groupes. Poissons, Crustacés, Echinodermes, Polypes, etc., et chez beaucoup d'entre eux, il y a des organes producteurs de lumière très développés et hautement différenciés, souvent analogues à ceux qu'ont acquis certains animaux de la faune des cavernes (*Amblyopsis,* par exemple).

IV. *Uniformité des couleurs*. — Les animaux vivant dans l'obscurité sont généralement peu colorés ; or, on verra plus loin qu'un grand nombre d'animaux de mer profonde sont revêtus de couleurs sombres, souvent noirs, quelquefois blancs. D'autre part, les seules couleurs vives sont presque toujours voisines du rouge (écarlate, orangé, etc.) ; jamais on ne voit de formes abyssales de couleur bleue, ce qui doit faire supposer que cette dernière n'est pas utile au fond des mers ; cela s'accorde d'ailleurs avec le fait que le spectre de la lumière émise par les polypes abyssaux phosphorescents ne montre que des rayons rouges, jaunes et verts.

Parmi les animaux vivant à la lumière, on constate de nombreux phénomènes d'adaptation protectrice, c'est-à-dire qu'on en voit un grand nombre qui ont pris la couleur du milieu qu'ils habitent, du sol, des végétaux ou des animaux sur lesquels ils vivent. Or des phénomènes de ce genre ne sont pas connus au fond des mers, ce qui tend à prouver qu'il n'y a pas là la lumière nécessaire pour faire distinguer les couleurs.

V. *Absence de vie végétale*. — On sait que l'une des fonctions caractéristiques de la vie végétale est de décomposer l'anhydride carbonique de l'air (soit dans l'atmosphère, soit en dissolution dans l'eau), d'en fixer le carbone et exhaler l'oxygène par la matière verte des feuilles ou chlorophylle, *sous l'influence de la lumière solaire*. A l'abri de cette dernière, la vie végétale cesse presque complètement.

Or, les algues marines, si abondantes à de faibles

profondeurs, ne dépassent guère 80 mètres et ne sont pour ainsi dire plus même représentées, à ce niveau, que par des Nullipores (Corallinacées ou algues rouges incrustées de calcaire), qui elles-mêmes ne s'étendent, au maximum, que jusqu'à 275 mètres (dans la mer Méditerranée, d'après Carpenter)..

La seule exception connue à cette règle est précisément celle d'un végétal sans chlorophylle (comme ceux qui vivent à l'abri de la lumière), c'est un champignon parasite qui vit en effet jusqu'à mille mètres de profondeur et même davantage, dans la substance minérale de certains coraux, où il se creuse des canaux finement ramifiés (Martin Duncan). Ce végétal d'organisation inférieure consiste en filament ramifiés (mycelium) et en petites spores. Comme les autres champignons, qui habitent les caves, il est capable de vivre dans l'obscurité, parce qu'il se nourrit aux dépens des tissus de son hôte. Cette espèce de mer profonde appartient au même genre que celle qui attaque le saumon de nos rivières et le tue ; c'est une forme extrêmement ancienne, qui infestait déjà les coraux de l'époque silurienne.

Tous ces faits prouvent avec un ensemble remarquable, l'absence de lumière dans les grandes profondeurs sous-marines.

CHAPITRE IV

PRESSION

A mesure que l'on s'enfonce sous l'eau, on se trouve soumis à une pression égale au poids du volume d'eau obtenu en multipliant la surface immergée par la hauteur de l'eau au-dessus d'elle.

Par suite de l'incompressibilité presque complète de l'eau, cette pression augmente d'une façon constante avec la profondeur : d'une quantité à peu près égale à la pression atmosphérique, de dix en dix mètres.

On peut très facilement mettre cette pression en évidence, par une expérience des plus simples : une bouteille vide, hermétiquement fermée par un bon bouchon, est lancée à la mer, attachée à une corde suffisamment longue et lestée d'un poids assez fort pour la faire enfoncer ; lorsqu'elle a atteint une certaine profondeur, on la remonte, et on constate qu'elle est pleine d'eau et que le bouchon se trouve dans l'intérieur. Cela prouve bien que deux forces agissaient, en sens contraire, sur ce bouchon : en dessous, celle de l'air contenu dans la bouteille, en dessus, la pression de l'eau dans laquelle cette dernière était plongée. Si donc le bouchon a été enfoncé dans l'intérieur, c'est que la seconde force l'a emporté sur la première.

Mais les effets de cette pression de l'eau, même à de très faibles profondeurs, sont très différents suivant qu'elle s'exerce seulement au dehors de l'animal immergé ou également à l'intérieur et à l'extérieur, comme c'est le cas pour les animaux dont l'eau pénètre tout l'organisme.

Les animaux pulmonés, tels que l'homme par exemple, ne sont pas pénétrés par l'eau; il s'ensuit que la pression ne s'exerce sur eux qu'au dehors. Si donc un de ces animaux est immergé et s'enfonce dans la mer, il arrive nécessairement un moment où la résistance qu'il offre à la pression extérieure est vaincue par celle-ci, comme dans le cas de la bouteille cité plus haut. Dès ce moment, l'animal sera à un niveau qu'il ne pourra dépasser sans danger immédiat pour lui.

Ceci explique pourquoi les plongeurs qui vont au fond de l'eau chercher les Huîtres perlières (*Meleagrina*), les Éponges, le Trépang (*Holothuria edulis*, etc.) ne peuvent guère descendre au delà d'une trentaine de mètres. Encore sont-ils rapidement mis hors de service par leur métier. S'ils plongent trop souvent ou trop profondément, ils rendent aussitôt le sang par le nez et les oreilles et ils ne résistent pas de longues années aux fatigues qui en résultent.

Il en est absolument de même pour un scaphandrier, puisqu'il faut pour résister à la pression extérieure de l'eau, que la pression à l'intérieur du scaphandre soit égale à celle du dehors. On doit donc y comprimer l'air à une pression à peu près autant de fois supérieure à celle de l'atmosphère que le plongeur dépasse de fois la profondeur de 10 mètres. Or, pour résister à ces pressions inaccoutumées, il faut descendre graduellement, car on ne pourrait supporter impunément un brusque changement de pression de plusieurs atmosphères.

Mais une pression de quelques atmosphères est déjà difficile à supporter et le maximum de profondeur atteint par un scaphandrier est de 60 mètres; cependant, on ne peut descendre sans danger, en scaphandre, que jusqu'aux environs de 40 mètres, donc à peu près à la même profondeur que les plongeurs sans scaphandre : au delà, il se produit d'intolérables bourdonnements d'oreilles, des crachements de sang ou des pertes de sang par le nez et les oreilles; la vessie se vide involontairement, les extrémités se refroidissent.

Si donc la pression est déjà si grande vers une cinquantaine de mètres, on peut à peine se figurer ce qu'elle doit être à des milliers de mètres de profondeur.

La pression exercée sur le fond de la mer par les eaux qui la surmontent est en effet si grande qu'elle surpasse tout ce qu'on pourrait imaginer : sur 1 décimètre carré par chaque mille mètres de profondeur, elle s'élève à 10.850 kilogrammes, de sorte que vers 6000 mètres, c'est-à-dire à un niveau où il se trouve encore quelques êtres vivants cette pression est de plus de 65.000 kilogrammes, rien que sur cette petite étendue de surface. Si colossale cependant que cette pression puisse paraître, elle n'atteint encore que la huitième partie de celle mesurée par le profes-

seur Abel et le capitaine Noble dans leurs expériences
sur la poudre à canon.

Mais les animaux qui sont complètement perméables
par les fluides, c'est-à-dire chez lesquels la pression
s'exerce en dedans comme au dehors, comme c'est le
cas pour les organismes qui peuplent les abysses,
n'ont assurément pas plus conscience de cette pression que nous ne ressentons celle de l'atmosphère dans
laquelle nous sommes plongés et qui nous pénètre.

Enfin, aussi longtemps qu'ils passent *graduellement*
d'une profondeur à une autre, les êtres habitant les
abîmes de l'Océan ne sont pas affectés par le changement de pression.

Il peut arriver cependant, pour certains animaux
vivant dans de telles profondeurs, qu'il se produise des
accidents graves suivis de mort, s'ils viennent à être
brusquement soustraits à l'énorme pression qu'ils
subissent, c'est le cas pour les poissons à vessie natatoire.

Les gaz qui remplissent cette dernière étant comprimés à plusieurs centaines d'atmosphères occupent
un volume plusieurs centaines de fois plus petit qu'à
la pression atmosphérique qui s'exerce à la surface de
l'Océan. Si donc le poisson est brusquement amené
sous une pression moindre, tout comme le serait un
aéronaute qui aurait été brusquement enlevé à une
très grande hauteur, les gaz en se détendant, dilatent
la vessie qui comprime alors les parois abdominales
au point de faire dresser les écailles qui se détachent
de leur insertion et tombent; la dilatation de la vessie
augmentant encore, celle-ci repousse l'estomac,

arrive à la paroi buccale dont la muqueuse cède sous la pression, et finalement vient faire saillie hors de la bouche en même temps que les yeux, démesurément dilatés, sortent de leur orbite (fig. 20).

Des expériences ont été faites par M. Paul Regnard dans le but de déterminer l'effet des hautes pressions, comparable à celles éprouvées dans les profondeurs de la mer, sur divers organismes qui y étaient soumis brusquement. Des algues, des semences de plantes phanérogames, des Infusoires, des Mollusques, des Hirudinées (Sangsues) furent plongés dans une sorte de torpeur par de semblables pressions, recouvrèrent, toutefois, leur état primitif après un temps plus ou moins long, lorsqu'on les replaçait dans les conditions normales.

Un poisson dépourvu de vessie natatoire ou un de ces animaux pourvu d'un semblable appareil dont on aurait enlevé l'air, peut être soumis à une pression de 100 atmosphères, correspondant à une profondeur de 1300 mètres, sans être trop affecté par ce changement de milieu. Sous une pression de 200 atmosphères, équivalant à une profondeur de 2600 mètres, il tombe dans une sorte de sommeil, mais il reprend bientôt ses vives allures, lorsque la pression est supprimée. A 300 atmosphères de pression, ce qui correspondrait à peu près à une profondeur de 4000 mètres, le poisson meurt.

Ces expériences sont du plus haut intérêt. La pression dont on faisait usage était obtenue au moyen de l'eau, sans autre air que celui absorbé à la pression atmosphérique normale, et ainsi les conditions phy-

FIG. 20. — *Neoscopolus.*

siques produites étaient très semblables à celles qui existent actuellement dans les abysses.

Le regretté professeur Paul Bert a poursuivi des recherches plus ou moins analogues, mais dans un but tout différent. Il a trouvé, entre autres choses, que de jeunes anguilles mouraient rapidement sous l'influence d'une pression de 15 atmosphères, et ne pouvaient survivre longtemps à une pression de 7 atmosphères.

La pression exerce aussi ses effets sur les substances qui servent à l'alimentation des êtres abyssaux, comme on va le voir. De quelle source provient, en effet, la nourriture des animaux qui peuplent les abysses ? Sans aucun doute, une très grande partie de cette nourriture provient de la surface et tombe dans les abysses.

On sait qu'après leur mort les animaux pélagiques et leurs débris s'enfoncent lentement, jusque dans les plus grandes profondeurs, puisque leur densité, plus grande que celle de l'eau, les y entraîne, d'autant plus que, par le fait de la compression, cette densité augmente à mesure que le corps descend. On a constaté, par exemple, qu'une Salpe (animal pélagique du groupe des Tuniciers) est descendue à une profondeur de 4000 mètres en quatre jours. Ces débris se concentrent vers le fond et viennent y constituer la partie essentielle de la nourriture des animaux abyssaux. D'autres restes aussi proviennent du littoral. On peut donc dire que toute vie abyssale aurait été impossible si la vie littorale et pélagique ne l'avait précédée.

Cette nourriture n'atteint donc le fond que sous forme de matière morte. C'est pourquoi l'on peut sup-

poser que les longues dents grêles, dirigées en arrière
de beaucoup de poissons abyssaux (par exemple celles
de *Chauliodus*) (fig. 21) leur servent plutôt pour
avaler les autres poissons morts tombés de la surface,
que pour saisir et tuer une proie vivante.

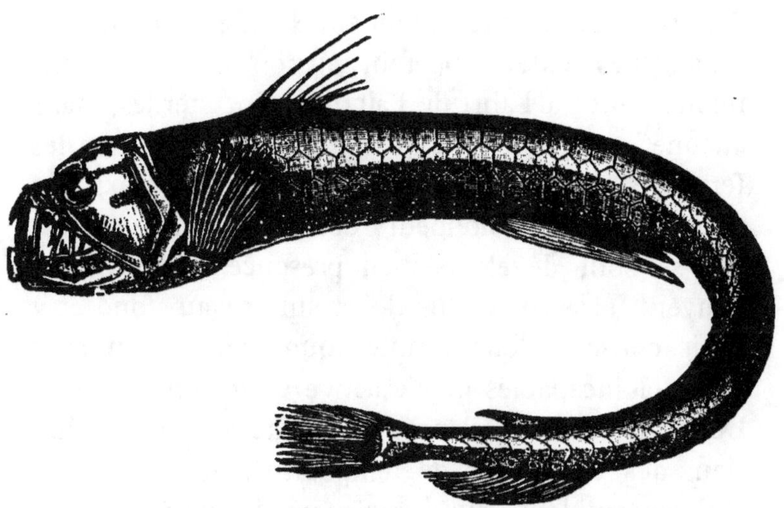

Fig. 21. — *Chauliodus.*

Or, cette nourriture qui arrive au fond, sous forme
de matière morte, ne s'y décompose pas, comme le
professeur H. N. Moseley l'a supposé le premier. Il
n'y aurait pas, d'ailleurs, de végétaux pour utiliser
les produits de leur décomposition.

La putréfaction des substances mortes n'existe donc
pas dans les abysses ainsi que le montrent les expériences intéressantes qui ont été faites sur ce sujet
par M. Certes. Il a ajouté à des solutions stérilisées de
foin, de lait et d'autres liquides putrescibles, avec les

précautions nécessaires de petites quantités de boue ou d'eau de mer profonde, prises dans les échantillons rapportés par le *Travailleur* et le *Talisman*. Dans quelques cas, les expériences furent faites en présence de l'air ; dans d'autres, elles furent faites dans le vide. Dans presque tous les premiers, la putréfaction se déclara, surtout après qu'on eut chauffé et des micro-organismes se développèrent, au contraire, les échantillons traités à l'abri de l'air restèrent stériles, sans aucune exception, indiquant apparemment que les ferments qui vivent en l'absence de l'air, n'existent point dans les profondeurs des océans. Les autres, qui se sont développés en présence de l'oxygène, peuvent être descendus de la surface au fond et y avoir conservé leur vitalité, quoiqu'ils soient sans doute là incapables de vie active et de reproduction. De nouvelles expériences sur cette question, faites dans des conditions de température et de pression qui ressemblent, aussi parfaitement que possible, à celles observées en mer profonde, montreront proba-blement que le cycle ordinaire des changements chi-miques de matière effectué par la vie, y est incomplet, par suite de l'absence d'organismes végétaux qui pourraient utiliser les produits de décomposition.

Cette absence de putréfaction dans les profondeurs de l'Océan semble d'ailleurs pouvoir être causée rien que par l'énorme pression qui s'y exerce. M. Paul Re-gnard a montré, en effet, que des substances putresci-bles, telles que de l'urine, de l'albumine, du lait, du glucose, de la viande, mélangés aux ferments appro-priés, n'entrent pas en putréfaction lorsqu'elles sont soumises à des pressions de 600 à 700 atmosphères (donc correspondant aux plus grandes pressions abyssales), même au bout de quarante jours, alors que les mêmes substances, placées dans les mêmes conditions, mais à la pression ordinaire, fermentent rapidement.

Il suit de là que les corps organisés morts ne se décomposent vraisemblablement pas, dans les abysses, et que loin d'y constituer un danger pour les animaux abyssaux (comme ils pourraient le faire pour les animaux vivant dans la région littorale ou dans un aquarium), ils leur fournissent au contraire une nourriture assurée.

CHAPITRE V

GAZ DISSOUS DANS L'EAU

Alors que les sels dissous dans l'eau de mer conservent entre eux, à toute profondeur, la même proportion (au point qu'il suffit de déterminer la quantité absolue de l'un d'eux, pour connaître aussitôt les quantités respectives des autres), il n'en est pas de même pour les gaz, ainsi que l'ont constaté des analyses répétées.

On sait que l'eau de mer absorbe par sa surface une grande quantité d'air qui s'y dissout et sert à y entretenir la vie des animaux marins. Mais cet air dissous ne reste pas localisé dans les zones supérieures, et les eaux profondes en contiennent, à volume égal, par suite de la pression, des quantités bien plus considérables que les eaux superficielles, ce que montrent bien les bouteilles à eau qui, remplies dans les profondeurs, laissent échapper, quand on les ouvre à la surface, une véritable eau gazeuse.

La proportion d'air dans l'eau de mer ne dépend donc pas de la profondeur, mais de la température et de la pression, de sorte qu'à température et pression égales, des volumes semblables d'eau pris à la surface et au fond, renferment la même quantité d'air à peu près. Tout se passe donc comme si une certaine quantité d'eau, ayant absorbé son oxygène et son azote à la surface, s'enfonçait dans les abysses, sans se mélanger au liquide qu'elle traverse.

Mais si, dans cette descente, la proportion d'air reste constante, il n'en est pas de même pour les deux gaz dont le mélange constitue l'air atmosphérique. On sait que l'air dissous dans l'eau est plus riche en oxygène que l'air atmosphérique (c'est-à-dire que l'oxygène est proportionnellement plus soluble dans l'azote). Mais celui qui se trouve à l'état de dissolution dans les abysses, ne renferme pas la même proportion d'oxygène et d'azote que l'air dissous dans les couches océaniques plus élevées. La quantité d'azote reste en effet constante, tandis que la quantité d'oxygène diminue graduellement et lentement depuis la surface jusqu'au fond, ce qu'ont déjà démontré depuis longtemps les expériences du Dr Laut Carpenter. Toutefois, il n'est pas encore possible de dire actuellement suivant quelle loi cette réduction s'effectue. D'autre part, il ne semble pas que l'hypothèse de M. Buchanan, d'après laquelle la quantité minimum se trouverait vers 1600 mètres de profondeur, soit justifiée. Cette hypothèse était intéressante à cause de sa signification biologique, car on a invoqué l'existence de cette zone renfermant un minimum d'oxygène pour expliquer l'abondance particulière de la vie à cette profondeur au-dessous de la surface de l'Océan.

La plus petite quantité d'oxygène qui ait été constatée le fut dans un échantillon d'eau recueilli à près de 6 kilomètres de profondeur; elle ne s'élevait qu'à 65 centièmes de centimètre cube par litre, résultat publié depuis longtemps par M. Buchanan. Mais même cette faible proportion pourrait suffire à entretenir la vie, puisque Humboldt et Provençal ont trouvé que certains poissons sauraient respirer dans une eau renfermant, par litre qu'un tiers de cette quantité d'oxygène.

D'autre part, l'anhydride carbonique se trouve en bien plus grande quantité vers le fond, quelle que soit la profondeur, que dans les régions superficielles plus chaudes. Cette quantité d'anhydride carbonique ordinairement présente dans les profondeurs de l'Océan ne peut pas être un obstacle à la vie. D'après le professeur Dittmar, la majeure partie de l'anhydride carbonique contenu dans l'eau de mer proviendrait de sources volcaniques et de crevasses placées sur le fond de l'Océan. Il est possible que, lorsque le

Challenger dragua, en eau profonde, dans le voisinage des îles Açores, d'immenses quantités de corail mort et noirci, il se trouvait en un point visité par une source d'anhydride carbonique.

Pour ce qui concerne le rapport de ce dernier gaz à l'oxygène, dans les régions abyssales, il n'y a aucune raison de croire qu'il puisse varier, aux dépens de l'oxygène.

Il faut encore tenir compte, parmi les conditions d'existence dans les abysses, de la grande immobilité des eaux. Il doit régner un calme très complet dans les grandes profondeurs de la mer, puisque la tranquillité des eaux n'y est pas troublée par des courants rapides ni par aucun des agents plus ou moins violents qui agitent les zones superficielles d'une façon continue.

En résumé, les conditions d'existence uniformes que l'on observe au fond des grands océans, sont essentiellement : une température invariablement voisine du point de congélation de l'eau douce, une pression énorme, un sol uniformément argileux ou vaseux sans brusques changements de niveau, une absence complète de lumière et de vie végétale et une grande tranquillité des couches liquides. On peut donc dire que dans les abysses, d'une façon généralement identique par toute la terre, il n'y a ni jours ni saisons ; qu'il y fait froid, sombre et tranquille.

Quatrième Partie

LA FAUNE ABYSSALE, SES CARACTÈRES ET SON ORIGINE

CHAPITRE PREMIER

LA FAUNE ABYSSALE

Le nombre des animaux habitant les grandes profondeurs de la mer, supposé à l'origine très restreint, a été reconnu, à la suite des grandes explorations sous-marines, être fort considérable. On en a récolté un grand nombre de formes très variées, parmi lesquelles la plupart constituaient des espèces nouvelles et des genres nouveaux. Et on constata que la plupart des grandes divisions du règne animal prennent part à la formation de la faune abyssale.

Parmi les formes animales qui composent cette dernière, nous ne pouvons guère parler ici que de celles qui appartiennent aux types familiers à tout le monde et nous ferons nécessairement abstraction des groupes qui ne sont guère connus que des zoologistes de profession. Nous examinerons donc tour à tour : les Poissons, les Mollusques (animaux du groupe de la Moule), les Crustacés (Crabes, Homards) et les Échinodermes (Étoiles de mer, Oursins).

De tous les animaux les plus étranges qu'on ait recueillis dans les abîmes de la mer, les Poissons sont sans doute ceux qui méritent le plus, pour leur bizarrerie et leur variété, d'être classés au premier rang. Ne pouvant aborder avec autant de détails, tous les groupes d'organismes ci-dessus, nous consacrerons la plus grande partie des lignes qui suivront à l'étude des Poissons abyssaux ; et comme les poissons en général constituent un groupe d'animaux très particulier, il ne sera pas superflu de dire, en passant, quelques mots de leur organisation et de la manière dont les zoologistes les classent actuellement.

I. POISSONS

1. Organisation.

Avant d'aborder à proprement parler la classification des Poissons, rappelons quelques points de leur organisation qui nous seront utiles dans ce qui va suivre[1].

Il faut distinguer quatre parties dans le corps d'un poisson : la tête, le tronc, la queue et les nageoires.

---

[1] A. Günther, *An Introduction to the study of Fishes*, Édimbourg, 1880.

La limite entre la tête et le tronc est généralement
indiquée par l'ouverture branchiale (ouïes) ; la limite
entre le tronc et la queue est ordinairement marquée
par l'anus.

La forme du corps et les proportions relatives de
ses parties sont sujettes à de grandes variations, qui
sont en réalité telles, qu'on n'en observe point de
comparables chez les autres Vertébrés.

Dans les Poissons qui peuvent se mouvoir rapidement, l'aspect général ne diffère jamais beaucoup de
celui de la perche, de la carpe ou du maquereau. Le
corps a la forme d'un coin comprimé ou légèrement
arrondi, bien adapté pour fendre l'eau.

Dans les Poissoins qui ont l'habitude de se traîner
sur le fond, le corps entier, ou au moins la tête, est
verticalement déprimé et aplati ; la tête peut être alors
si énormément hypertrophiée que le tronc et la queue
n'en constituent plus qu'un petit appendice.

Les poissons de la famille des *Pleuronectidæ*, ou
poissons plats, ont le corps comprimé en forme de
disque mince ; ils nagent sur un côté seulement, côté
qui reste constamment appuyé sur le fond. Cette
particularité a causé une profonde asymétrie de toutes
les parties du corps, et spécialement du crâne.

Une compression bilatérale du corps, accompagnée
d'un raccourcissement de l'axe longitudinal, se rencontre chez les Poissons qui se meuvent assez lentement et peuvent rester en suspension entre deux
eaux. Cette déviation du profil typique peut être
poussée à un tel excès, que l'axe vertical dépasse de
beaucoup l'axe longitudinal ; généralement, toutes

les parties du corps sont atteintes dans le raccourcissement de ce dernier ; mais, chez le Poisson-Lune
(*Orthagoriscus mola*), c'est la queue qui a été surtout
réduite, au point qu'on la dirait coupée au ras du
tronc.

Un étirement excessif de l'axe longitudinal, accom-
pagné d'une diminution des axes vertical et trans-
versal, se remarque dans les anguilles et les poissons
anguilliformes ; on l'observe chez les poissons vivant
au fond des eaux, capables de s'insinuer dans d'étroites crevasses ou cavités. La forme du corps de ces
poissons allongés est, d'ailleurs, soit cylindrique,
serpentiforme, comme dans les anguilles, soit fortement comprimée bilatéralement, rubanée, ainsi qu'on
le voit dans *Trichiurus* ; chez ces animaux, c'est principalement la queue qui s'est accrue ; mais, fréquemment, la tête et le tronc participent, plus ou moins,
à l'augmentation de la longueur axiale. Tous les intermédiaires possibles existent, comme on pouvait le
penser *a priori*, entre les divers types dont nous
venons de parler.

Les anciens ichtyologistes, même jusqu'à l'époque
de Linné, se servirent beaucoup des formes extérieures dans la classification. Cependant, quoique
tous les Poissons d'un même groupe puissent avoir
le même contour, une similitude de forme n'implique,
en aucune façon, des relations de parenté ; elle
indique seulement des mœurs analogues.

L'*œil* divise la tête en une portion préorbitaire et
une portion postorbitaire. Dans la plupart des Poissons, spécialement chez ceux qui ont la tête com-

primée, les yeux sont situés sur les côtés et dans la moitié antérieure de la longueur de la tête ; chez beaucoup d'autres, principalement dans ceux qui ont la tête déprimée, ils sont dirigés vers le haut et parfois placés tout à fait sur la face supérieure. Chez les Poissons plats, les deux yeux sont situés du même côté de la tête, le droit ou le gauche, mais toujours du côté de la lumière et, par conséquent, sur la face colorée.

Les Poissons en général, comparés aux autres Vertébrés, ont de grands yeux. Quelquefois, ces organes sont énormément développés, indiquant que le poisson est nocturne ou qu'il vit à une profondeur telle, que les rayons solaires n'y pénètrent qu'en petite quantité. D'autre part, de petits yeux se présentent chez les poissons habitant les lieux boueux, ou une profondeur à laquelle un rayon de lumière arrive à peine ; ou encore, chez ceux qui ont d'autres organes des sens spécialement développés. Chez quelques poissons, notamment chez ceux qui vivent dans les grottes ou dans les abysses, les yeux sont devenus tout à fait rudimentaires et cachés sous la peau.

La portion préorbitaire de la tête renferme la bouche et les narines.

La *bouche* offre de grandes variations selon la nature de la nourriture et le mode de nutrition. Elle peut être étroite ou extrêmement large, fendue jusque près du bord postérieur de la tête ; elle peut se trouver tout à fait au bout du museau, ou à sa face supérieure, ou s'étendre de chaque côté ; quelquefois, elle est subcirculaire et organisée pour sucer. Les mâchoires de certains poissons sont transformées en une arme offensive (espadon, poisson-scie) et, en réalité, dans la classe entière des Poissons, ce sont les seuls organes qui soient vraiment destinés à l'attaque. Les deux mâchoires sont susceptibles d'être munies d'appendices, *barbillons*, qui, lorsqu'ils sont très développés et mobiles, constituent des organes du toucher forts délicats.

Dans la majorité des poissons, les *narines* sont constituées par une double ouverture placée à la face supérieure du museau, les narines droite et gauche étant plus ou moins rapprochées l'une de l'autre. Contrairement à ce qui se passe chez tous les autres Vertébrés, elles ne perforent pas le palais, sauf dans une seule famille, les Myxinoïdes. Dans cette famille, comme chez les lamproies, il n'y a qu'une seule narine placée dans le plan médian du corps. Chez les anguilles, les narines percent souvent la lèvre supérieure ; il en est de même chez les Dipnoï et les Ganoïdes. Chez les requins et chez les raies, il existe parfois une fente allant de la bouche à chaque narine ; c'est un véritable bec-de-lièvre.

L'espace situé entre les orbites s'appelle espace inter-orbitaire ; celui au-dessous de l'orbite, espace infra-orbitaire ou sous-orbitaire.

Dans la région post-orbitaire de la tête, il faut distinguer, au moins chez la plupart des poissons Téléostéens et beaucoup de Ganoïdes, le *préopercule*, os semi-circulaire avec un bord libre ordinairement dentelé ; l'*opercule*, formant le bord postérieur de l'ouverture branchiale ; le *sous-opercule* et l'*inter-opercule* limitant son bord intérieur. Tous ces os sont fréquemment appelés collectivement *opercule* et constituent une mince lamelle osseuse couvrant la cavité qui renferme les branchies. Quelquefois, ils sont revêtus d'une membrane si mince, que les os isolés peuvent aisément être distingués au travers ; quelquefois aussi, ils sont cachés sous un épais tégument.

L'*ouverture branchiale* est une fente située en arrière et au-dessous de la tête, et par laquelle est expulsée l'eau introduite dans la bouche, en vue de la respiration. Cette fente peut s'étendre, depuis le bord supérieur de l'opercule, tout le long des côtés de la tête, jusqu'à la symphyse de la mâchoire inférieure ; ou être rétrécie et finalement réduite à un petit trou, s'ouvrant en un point quelconque de l'opercule. Quelquefois, comme dans *Symbranchus*, sorte d'anguille, les deux ouvertures minuscules deviennent confluentes sur la ligne médiane, de manière qu'il semble n'en exister qu'une seule. Le bord de l'opercule est pourvu d'une large frange cutanée qui a pour but de clore plus complètement l'ouverture branchiale ; cette frange est supportée par un ou plusieurs rayons osseux, les rayons branchiostèges.

Les requins et les raies diffèrent des Ganoïdes et des Téléostéens en ce qu'ils ont cinq, six ou sept fentes branchiales, qui sont latérales chez les requins et situées sous la tête chez les raies.

On distingue dans le *tronc*, le dos, les côtés et l'abdomen. Le tronc passe graduellement dans la queue.

La fin de la cavité abdominable et le commencement de la queue sont généralement indiqués par la position de l'anus. Cela souffre cependant de nombreuses exceptions. En effet, non seulement les organes abdominaux peuvent s'étendre entre les muscles de la queue, mais le tube digestif lui-même peut être repoussé en arrière ou refoulé en avant, de manière que l'anus peut être situé près de l'extrémité de la queue, ou, au contraire, très en avant, près de la tête.

Dans beaucoup de poissons, la plus grande partie de la *queue* est entourée par les nageoires, laissant seulement une petite portion libre : cette portion est le pédoncule de la queue.

Les *nageoires* se divisent en *verticales*, ou impaires, et *horizontales*, ou paires. Toutes sont susceptibles d'être présentes ou absentes, et leur position, leur nombre et leur forme, sont des guides très importants pour déterminer les affinités des poissons.

Les nageoires *verticales* sont situées sur la ligne dorsale médiane, depuis la tête jusqu'à l'extrémité de la queue, et sur la ligne ventrale médiane, sous la queue. Mais la continuité de cette nageoire est interrompue dans la majorité des poissons. On peut alors noter la présence de trois nageoires : une sur la ligne dorsale, la *dorsale ;* une sur la ligne ventrale, en arrière de l'anus, l'*anale ;* une, limitée à l'extrémité de la queue, la *caudale.*

La nageoire *caudale* est rarement symétrique, la moitié supérieure étant plus volumineuse que l'inférieure : cette asymétrie de la queue est appelée *hété-*

rocercie. Chez d'autres poissons, les deux lobes sont presque égaux : c'est ce qu'on désigne sous le nom d'*homocercie* ; mais cette égalité des lobes n'est jamais qu'apparente.

La nageoire *dorsale* offre de grandes variations : elle peut être composée d'épines osseuses résistantes *(Acanthoptérygiens)*, ou formée de rayons flexibles constitués par de petits segments articulés *(Malacoptérygiens)*. Outre la nageoire dorsale munie de rayons, les Malacoptérygiens en possèdent souvent encore une autre, dans laquelle existe un dépôt graisseux ; c'est la nageoire *adipeuse*.

La nageoire *anale* est bâtie sur le même plan que la dorsale : elle peut être d'une seule pièce, ou formée d'une série de petites nageoires *(pinnules)*. Chez les Acanthoptérygiens, les rayons antérieurs sont fréquemment simples et épineux.

Les nageoires *horizontales* sont au nombre de deux : les *pectorales* et les *ventrales*.

Les nageoires *pectorales* sont homologues aux membres antérieurs des Vertébrés supérieurs. Elles sont toujours insérées en arrière de l'ouverture branchiale ; elles sont soit symétriques, avec un bord postérieur arrondi, soit asymétriques, avec les rayons supérieurs les plus forts et les plus longs. Chez les Malacoptérygiens, qui ont une épine dans la nageoire dorsale, le premier rayon pectoral du bord supérieur est fréquemment transformé en une puissante arme défensive.

Les nageoires *ventrales* sont homologues aux membres postérieurs des Vertébrés supérieurs. Elles sont généralement placées, comme dans le saumon, en arrière des nageoires pectorales : on les dit alors *abdominales*. Mais elles peuvent être aussi situées directement au-dessous des nageoires pectorales, comme chez *Mullus barbatus :* on les dit alors *thoraciques*. Elles peuvent enfin être placées en avant des nageoires pectorales, comme cela se voit sur *Lota vulgaris;* dans ce cas, elles sont appelées *jugulaires*, et les membres postérieurs sont alors situés en avant des membres antérieurs. Dans quelques petits groupes de poissons, chez les *Gobius*, par exemple, les nageoires ventrales se soudent et forment une sorte de ventouse.

Les nageoires sont les organes du mouvement; mais c'est principalement par l'action de la nageoire caudale que le poisson se déplace en avant. Les nageoires pectorales ont plutôt pour but de diriger le poisson dans sa course, que de le faire progresser. La fonction principale des nageoires paires ou horizontales est de maintenir l'animal en équilibre : si l'on vient à enlever une nageoire pectorale d'un côté et la nageoire ventrale correspondante, le poisson s'incline de ce côté; enlève-t-on les deux nageoires pectorales, on voit la tête s'enfoncer dans l'eau et la queue se relever. Si l'on coupe les nageoires dorsale et anale, le poisson ne peut plus se mouvoir en ligne droite, et il décrit une série de zigzags. Enfin, si on enlève toutes les nageoires, l'animal se retourne le ventre en l'air, car la partie dorsale est la plus lourde du corps.

Chez beaucoup de poissons qui vivent dans la boue,

ou qui passent une partie de l'année dans des capsules de terre durcie, les nageoires ventrales sont fréquemment absentes ou rudimentaires. La fonction principale de ces organes étant de maintenir le corps en équilibre pendant la nage, il est évident que des poissons qui passent la plus grande partie de leur existence dans un sol boueux n'ont plus besoin de ces appendices; il est donc très naturel de les voir disparaître.

Chez certains poissons, la forme et la fonction des nageoires peuvent être considérablement modifiées : ainsi, chez les raies, la progression est presque entièrement produite et régularisée par les larges nageoires pectorales, qui sont animées d'un mouvement ondulatoire; chez *Blennius* et les formes voisines, les nageoires ventrales sont adaptées pour progresser sur le fond; dans un grand nombre de poissons, notamment la Baudroie, les nageoires pectorales sont de véritables pattes, qui servent à marcher; chez d'autres, comme *Gobius*, les ventrales sont transformées en une ventouse, et, chez les poissons volants, les pectorales agissent comme un véritable parachute. Chez les anguilles et les autres poissons ophidiiformes, la progression s'effectue exactement comme chez les serpents.

La *peau* des poissons est, soit nue, soit couverte d'écailles, soit revêtue de plaques osseuses de formes et de dimensions variées. Les écailles appartiennent à différents types; celles qui ont leur bord postérieur arrondi et strié concentriquement, sont appelées *cycloïdes*. Les écailles *cténoïdes* sont dentelées postérieurement et munies de stries rayonnantes. Les écailles *ganoïdes* sont beaucoup plus épaisses que les précédentes et recouvertes d'une couche d'émail. Tout le long du corps, il y a une série d'écailles perforées, qui porte le nom de *ligne latérale*. Ce système d'écailles est abondamment pourvu de nerfs et a, pour ce motif, été considéré comme un sixième sens, particulier aux Poissons. Mais il ne peut y avoir aucun doute que sa fonction est de sécréter du mucus, quoique ce mucus soit probablement produit aussi, mais en moindre quantité, par toute la surface du corps.

II. CLASSIFICATION DES POISSONS

Il nous suffira de rappeler ce que nous avons dit plus haut par le tableau ci-dessus.

POISSONS
- I. Leptocardes.
- II. Cyclostomes.
- III. Chondroptérygiens.
  - I. Plagiostomes.
    - I. Sélaciens.
    - II. Rajides.
  - II. Holocéphales.
- IV. Dipnoï.
- V. Ganoïdes.
- VI. Téléostéens.

Les cinq premiers groupes de Poissons ou ne sont pas représentés dans les abysses, ou n'y sont représentés que par des formes différant peu de celles qu'on rencontre ailleurs. Nous n'aurons donc plus l'occasion de les mentionner dans ce qui va suivre.

Les *Téléostéens* comprennent presque tous les poissons osseux. Ils sont caractérisés par un bulbe artériel non contractile, par un intestin dépourvu de valvule spirale, par des branchies libres et par d'autres détails d'organisation qu'il serait trop long d'énumérer ici.

Les Téléostéens se divisent en six ordres :

I. Les *Acanthoptérygiens*, chez lesquels une partie des rayons des nageoires dorsale, anale et ventrales, sont remplacés par des épines. Les os pharyngiens inférieurs, qui sont une partie du squelette branchial, sont distincts. La vessie natatoire, quand elle existe, est dépourvue d'un conduit aérien chez l'adulte. La *Perche* est un bon exemple de ces animaux.

II. Les *Acanthoptérygiens pharyngognathes*. — Une partie des rayons des nageoires dorsale, anale et ventrales est remplacée par des épines. Les os pharyngiens inférieurs sont soudés. La vessie natatoire est dépourvue de conduit aérien. La *Vieille* est un bon exemple d'Acanthoptérygiens pharyngognathes.

III. Les *Anacanthini*. — Les nageoires verticales et ventrales sont dépourvues d'épines; celles-ci sont remplacées par des rayons élastiques. Les nageoires ventrales, dans les cas où elles existent, sont jugulaires ou thoraciques. La vessie natatoire, lorsqu'elle est présente, est dépourvue de conduit aérien. Les os pharyngiens inférieurs sont séparés. La *Morue* est un bon exemple d'Anacanthini.

On désigne parfois les trois groupes qui précèdent sous le nom de *Physoclistes*.

IV. Les *Physostomes*. — Tous les rayons des nageoires sont élastiques, sauf le premier de la nageoire dorsale et des nageoires pectorales, qui peuvent être remplacés par une épine osseuse. Les nageoires ventrales, lorsqu'elles sont présentes, occupent une position abdominale et sont dépourvues d'épines. La vessie natatoire, lorsqu'elle existe, est munie d'un conduit aérien. Les *Saumons* sont un bon exemple de Physostomes.

V. Les *Lophobranches*. — Les branchies n'ont pas la forme de lamelles, mais plutôt de petits lobes arrondis attachés aux arcs branchiaux. L'opercule est réduit à une simple et large plaque. Un squelette dermique protège les téguments mous. L'*Hippocampe* est le type des Lophobranches.

VI. Les *Plectognathes* sont des poissons téléostéens recouverts d'écailles rugueuses ou pourvus d'ossifications en forme de plaques ou d'épines; parfois, pourtant, leur peau est entièrement nue. Leur squelette est incomplètement ossifié et ils ne possèdent qu'un petit nombre de vertèbres. Il existe une étroite ouverture branchiale en avant des nageoires pectorales. La bouche est petite. Une nageoire dorsale élastique, placée dans la région caudale de la colonne vertébrale, est opposée à l'anale; quelquefois, il y a aussi un rudiment de nageoire épineuse. Les nageoires ventrales sont supprimées ou réduites à l'état d'épines. La vessie natatoire est dépourvue de conduit aérien. Les *Coffres* sont un bon exemple de Plectognathes.

Ces préliminaires posés, nous pouvons maintenant passer à l'étude des poissons de mer profonde, et il sera aisé de saisir les bizarreries de leur organisation.

III. POISSONS ABYSSAUX

La connaissance des poissons de mer profonde est une des découvertes récentes de l'ichtyologie. En effet, ce n'est que depuis vingt-cinq ans environ que la structure singulière de certains poissons recueillis dans le nord de l'Atlantique amena à penser que ces animaux habitaient les abysses et que leur organisation était spécialement adaptée pour vivre dans ce milieu. Ces êtres curieux concordaient dans le caractère de leur tissu conjonctif, qui était, chez tous, extrêmement faible, de telle manière que, sous la plus légère pression, leur corps tombait en lambeaux. De plus, quelques spécimens avaient été pris, à la surface de l'eau, occupés à avaler ou à digérer un autre poisson d'un volume *égal* ou *supérieur* au leur.

1. Conditions de la vie des poissons abyssaux.

La première particularité fut expliquée par ce fait que, si ces poissons hantaient réellement les grandes profondeurs qu'on supposait, leur soustraction à l'énorme pression sous laquelle ils vivaient devait nécessairement causer une expansion des gaz de l'organisme dans les tissus, expansion qui détruisait la cohésion de ceux-ci et provoquait la dislocation de l'animal.

On sait qu'un grand nombre de poissons possèdent, contre la colonne vertébrale, au-dessus du tube digestif et fréquemment en communication avec lui, une sorte de sac appelé *vessie natatoire*. La présence de cette vessie natatoire permet au poisson de s'élever ou de descendre dans l'eau avec une grande facilité. Mais, si l'on vient à capturer un poisson de mer profonde, et si on l'entraîne rapidement hors de son milieu habituel, les gaz de la vessie distendent celle-ci et gonflent le corps, au point que la plupart des écailles tombent, tandis que d'autres se hérissent véritablement. Puis, quand la limite d'élasticité du corps est atteinte latéralement, la vessie pousse en avant, entre dans la bouche et s'échappe au dehors. En même temps, la pression exercée à l'intérieur de la tête devient si considérable, que les yeux sortent des orbites. Un bon exemple de l'effet du changement de pression sur un poisson abyssal transporté brusquement à la surface nous est montré par le *Neoscopelus* (fig. 22).

La deuxième circonstance de la découverte des poissons abyssaux fut interprétée de la manière suivante. Supposons, pour un instant, qu'un poisson vorace, organisé pour vivre entre 1000 et 1600 mètres, en saisisse un autre se tenant usuellement entre 600 et 1000 mètres, sur la limite commune de leurs habitats respectifs. Dans la lutte qu'il engage pour échapper à son ennemi, le poisson capturé, presque aussi volumineux ou plus volumineux même que son agresseur, l'emmène dans des couches d'eau supérieures, où la diminution de pression cause une expansion telle de gaz, dans les tissus de cet agresseur, que ce dernier s'élève jusqu'à la surface, ou il arrive mort ou mourant. Des individus dans cette condition se rencon-

— Effet de l'expansion des gaz de l'organisme sur l'écaillure et la vessie natatoire d'un poisson *(Neoscopelus)* ramené d'une profondeur de 1500 mètres (d'après Filhol, *la Vie au fond des mers).*

trent assez fréquemment flottant à la surface de l'Océan.

Ainsi, la présence de poissons particulièrement adaptés pour la vie en mer profonde est un fait acquis à l'ichtyologie ; et, comme les mêmes genres et les mêmes espèces ont été recueillis en des points très distants du globe, on en conclut : d'abord, que les conditions d'existence devaient être les mêmes pour eux partout sur le fond de l'Océan ; ensuite, que les poissons abyssaux ne constituent pas un ordre particulier, mais sont des formes, de familles diverses, spécialement adaptées à un milieu déterminé. Ces résultats sont antérieurs aux grandes expéditions sous-marines.

Cependant, rien n'était positivement connu sur l'habitat exact des poissons de mer profonde avant le voyage du *Challenger*, et c'est surtout grâce à ce voyage que nous avons maintenant une base plus étendue et plus sûre pour l'étude de ces animaux.

Les conditions physiques des abysses qui peuvent affecter l'organisation et la distribution des poissons sont, selon le Dr Günther [1], les suivantes :

1. *Absence de lumière solaire.* — Comme nous l'avons déjà dit, les rayons du soleil ne pénètrent probablement pas au delà de quatre cents mètres, et c'est là que nous devons fixer le commencement de la faune abyssale. L'absence de lumière est nécessairement accompagnée par certaines modifications des

---

[1] Günther, *loc. cit.*

organes de la vision et par une simplification des couleurs.

2. *Lumière phosphorescente*. — L'absence de lumière solaire est, en quelque sorte, compensée par la présence d'une *lumière phosphorescente* produite par beaucoup d'animaux marins, et notamment par de nombreux poissons abyssaux.

3. *Diminution et égalité de la température*. — A une profondeur de 1000 mètres, la température de l'eau s'abaisse à 40 degrés F. ou 4°,4 C. et devient tout à fait indépendante de celle observée à la surface; depuis 2000 mètres jusqu'aux plus grande profondeurs, la température est uniformément voisine du point de congélation de l'eau. Elle cesse donc d'être un obstacle à la distribution horizontale en tous sens des poissons abyssaux.

4. *Accroissement de pression*, par suite de la colonne d'eau qui surmonte. La pression de l'atmosphère à la surface de la mer s'élève à 15 livres anglaises par pouce carré de la surface du corps d'un animal. Elle augmente d'une tonne par chaque 2000 mètres de profondeur.

5. *Absence de vie végétale*. — Ainsi que nous l'écrivions plus haut, avec l'absence de la lumière solaire, la vie végétale prend fin. *Tous les poissons abyssaux sont donc carnivores*. Les plus voraces se nourrissent même de leur propre progéniture. Quant aux espèces édentées, elles attendent au fond les petits animalcules, qui, comme une pluie fine, mais constante, tombent continuellement des eaux superficielles de l'Océan.

6. *Parfaite tranquillité de l'eau.* — En effet, l'agitation causée par le mouvement de l'air n'est plus sensible déjà à quelques mètres au-dessous de la surface et, vraisemblablement, plus bas l'eau est à l'état de repos complet.

L'effet, sur les poissons, des conditions que nous venons d'énumérer se traduit, d'après le savant zoologiste du British Museum, par la transformation d'un ou de plusieurs organes, de telle façon qu'on peut toujours reconnaître si un poisson provient des abysses, qu'on sache ou qu'on ignore à quelle profondeur il a été recueilli. Réciproquement, des formes signalées comme vivant dans les abysses sont immédiatement reconnues comme originaires de la surface, rien que par leur structure.

Une des particularités les plus caractéristiques des poissons de mer profonde est causée par la pression colossale sous laquelle ils vivent. Leurs systèmes musculaire et osseux sont, comparés à ceux des poissons de la surface, très faiblement développés.

Leurs os ont une structure fibreuse, fissurée et caverneuse ; ils sont légers, renfermant à peine un dépôt calcaire, de sorte qu'une aiguille peut aisément les traverser sans se briser. Toutes les pièces squelettiques, les vertèbres spécialement, semblent n'être que très lâchement réunies entre elles, et il faut les plus grandes précautions pour qu'elles ne se séparent point quand on prend l'animal.

Les muscles, surtout les grands muscles latéraux du tronc et de la queue, sont minces, facilement détachables ou destructibles, le tissu connectif étant extrêmement peu résistant, ou totalement absent.

Ces propriétés ont été observées chez les *Trachypteridæ*, chez *Plagyodus*, chez *Chiasmodus*, chez *Melanocetus* et chez *Saccopharynx*. Toutefois, nous n'avons pas le droit d'affirmer que ces poissons possèdent, dans les grandes profondeurs, l'aspect que nous leur voyons lorsqu'ils sont ramenés à la surface. Quelques-uns d'entre eux sont des créatures extrêmement rapaces, capables d'exécuter des mouvements rapides et puissants pour capturer leur proie ; il faut donc, pour cela, que le système musculaire, si mince qu'il puisse être, soit résistant et que la colonne vertébrale ait ses segments solidement réunis. C'est pourquoi il paraît évident, dit le Dr Günther, que les changements que subit le corps des poissons lorsqu'on les amène des abysses à la surface sont entièrement analogues, quoique plus graves, aux accidents éprouvés par un aéronaute qui s'élève à de trop hautes altitudes.

Le *système muqueux* de beaucoup de poissons abyssaux est extrêmement développé. Nous le trouvons déjà bien exprimé chez ceux qui vivent à une faible profondeur (200 à 400 mètres), si on le compare à ce qu'il est dans les formes de la surface. Mais, pour les types habitant une profondeur de 2000 mètres et plus, il subit une véritable dilatation, spécialement sur le crâne, qui renferme de grandes cavités (*Macruridæ, Ophidiidæ* abyssaux). Le corps entier est couvert d'une épaisse couche de mucus. Les cavités auxquelles nous venons de faire allusion se rétrécissent dans les spécimens mis en alcool, mais l'immersion dans l'eau manifeste rapidement de nouveau les propriétés dont il s'agit. L'usage de cette abondante sécrétion est, à vrai dire, inconnu; cependant, sur des spécimens complètement frais, on a constaté qu'elle était phosphorescente.

Les couleurs des poissons de mer profonde sont, en raison de l'absence de lumière solaire, extrêmement simples; elles se bornent au noir et à l'argenté. Quelques espèces exhibent des filaments ou des rayons de nageoires du plus bel écarlate. Selon le célèbre ichtyologiste anglais souvent cité par nous, les albinos ne sont pas rares parmi les poissons noirs.

L'organe de la vision est le premier affecté par le séjour en eau profonde. Même les poissons qui ne vivent usuellement qu'à une profondeur de 160 mètres ont des yeux plus grands que les formes qui ne quittent pas la surface. Jusqu'à 400 mètres, le volume des yeux s'accroît dans le but de réunir le plus de lumière possible, puisque l'intensité de l'éclairage va toujours en diminuant. Au delà de cette limite, on rencontre à la fois de très petits yeux et d'énormes yeux. Les premiers sont compensés par l'existence d'organes spéciaux de tact. Les seconds servent à voir à l'aide de la phosphorescence des êtres abyssaux. Enfin tout au fond, dans les abîmes de la mer, se trouvent des poissons à la fois aveugles et dépourvus d'organes spéciaux pour le sens du toucher.

Beaucoup de poissons de mer profonde sont munis de corpuscules plus ou moins nombreux, arrondis, brillants, nacrés, incrustés dans la peau. Ces organes, lumineux ou phosphorescents, sont : soit de grands corps globulaires sphériques et plus petits, arrangés symétriquement le long des côtés du tronc et de la queue, plus spécialement le long de la ligne abdominale, moins souvent le long du dos. Les premiers n'ont pas été étudiées histologiquement. Les seconds ont surtout été examinés par MM. Ussow [1] et Leydig. Leur nombre est en relation directe avec celui des segments de la colonne vertébrale (métamères). On peut en distinguer deux catégories différant entre elles par leur structure intime.

Les uns consistent en un corps lenticulaire antérieur biconvexe, sorte de *cristallin*, qui est transparent durant la vie et qui est simple ou composé de bâtonnets *(Chauliodus),* puis en une chambre postérieure remplie d'un fluide également transparent et dont le fond est revêtu d'une membrane sombre composée de cellules hexagonales ou de bâtonnets disposés comme dans une *rétine*. On observe la disposition que nous venons de décrire chez *Astronesthes, Stomias, Chauliodus,* etc.

Les autres organes possèdent simplement une texture glandulaire, mais dépourvue de conduits déférents *(Gonostoma, Scopelus, Maurolicus, Argyropelecus)*. Des rameaux provenant des nerfs spinaux se rendent, d'ailleurs, à chaque sorte d'organe et se

---

[1] M. Ussow, Ueber den Bau der sogenannten augenähnlichen Fleken einiger Knochenfische *(Bull. Soc. imp. nat.,* Moscou, 1879, nᵒ 1, pp. 79-115 et 4 pl.)

distribuent à la membrane en forme de rétine et aux follicules glandulaires.

La première catégorie d'organes est considérée par quelques naturalistes comme constituant de véritables organes de vision ; la fonction du second groupe est restée inexpliquée.

Voici les arguments que M. Ussow invoque pour assimiler certains de ces corps énigmatiques à des yeux. Après avoir insisté sur l'identité de structure histologique, il ajoute que leur éloignement du cerveau ne prouve rien contre cette interprétation, car il existe nombre d'Invertébrés où les organes des sens (vision, *Polyophthalmus,* — audition, *Mysis)* sont à une grande distance des ganglions cérébraux et, pourtant, tout le monde est d'accord sur leur signification physiologique.

M. Günther est moins enthousiaste de cette idée. Il fait remarquer que trois hypothèses sont possibles sur la nature des corps qui nous occupent :

1. Tous sont des organes de sens ou, en d'autres termes, des yeux accessoires.

2. Seuls les organes pourvus d'un corps lenticulaire sont sensoriels, et ceux caractérisés par une structure glandulaire émettent seulement de la lumière phosphorescente.

3. Tous sont des organes producteurs de lumière.

Il y a plusieurs objections, dit l'éminent naturaliste anglais, qui s'opposent à ce qu'on adopte la première hypothèse. En effet, *Scopelus* et *Argyropelecus* ne possèdent pas seulement des yeux parfaitement développés, mais même de grands yeux, particulièrement adaptés à des mœurs nocturnes ; dès lors des organes accessoires de vision paraissent tout à fait surperflus pour ces animaux. D'autre part, dans les poissons abyssaux dépourvus d'yeux proprement dits, poissons qui sembleraient avoir un besoin spécial d'autres organes de vision, ceux-ci sont invariablement absents. Enfin, il est tout à fait inconcevable que des dispositions glandulaires aient la faculté de transmettre des impressions lumineuses aux centres nerveux.

La seconde hypothèse est, suivant M. Günther, plus proche de la vérité. Elle est appuyée par ce fait que les organes glandulaires de *Scopelus* ont été vus brillant d'une lumière phosphorescente, et par la similitude morphologique évidente existant entre les organes pourvus d'un corps lenticulaire et d'une membrane rétinoïde avec un œil ordinaire. Nous sommes, en outre, autorisés à supposer que, dans les profondeurs de l'Océan où ne descend pas la lumière solaire, des organes spéciaux de vision se sont développés. Cependant, d'un autre côté, cette hypothèse est contredite par l'observation que beaucoup de poissons qui vivent dans les abysses *(Trachypterus ;* la majeure partie des *Macruridæ)* sont pourvus de grands yeux usuels ; ce qui semble prouver que ceux-ci sont parfaitement suffisants pour voir la lumière phosphorescente.

Mais, tout en étant conduits à admettre que les organes à corps lenticulaire peuvent être de sens, nous devons reconnaître que leur structure histologique n'est pas opposée à ce qu'ils soient, comme les organes glandulaires, des producteurs de lumière. Il n'est pas impossible que la lumière, émise dans le fond de la chambre postérieure, soit dirigée au travers du pseudo-cristallin dans des directions déterminées. Cette troisième hypothèse semble être moins hardie que les autres, qui exigent notamment que, chez les Vertébrés, où il existe un complexe nerveux spécial pour recevoir les impressions sensorielles, ces impressions ne soient transmises à ce complexe que par l'intermédiaire de l'axe cérébro-spinal.

Lorsqu'on rencontre, écrit M. Günther, chez un poisson quelconque, de fins filaments en relation avec les nageoires paires ou avec la queue, on peut conclure que l'on a devant soi un animal sédentaire, habitant des eaux tranquilles. Nombre de poissons abyssaux (*Trachypteridæ*, *Macruridæ*, *Ophidiidæ*, *Bathypterois*) sont pourvus de semblables prolongations filamenteuses dont le développement est parfaitement en rapport avec leur séjour dans les eaux absolument stagnantes des profondeurs de l'Océan.

Nous avons parlé de la ligne latérale. Quelques poissons abyssaux en possèdent une singulièrement conformée. Selon M. J. Ryder, chez *Gastrostomus*, elle occupe une position usuelle, commençant immédiatement en arrière de la tête. Mais elle porte, de distance en distance, disposés métamériquement, de curieux pédoncules terminés par un épanouissement discoïdal pigmenté, structure tout à fait unique dans la classe des Poissons. Que ces pédoncules soient des tactiles, ou plus généralement des organes de sens spéciaux pour la vie en mer profonde, c'est une chose dont on peut à peine douter. Ils rappellent immédia-

tement à l'esprit les papilles décrites par M. Fr. Leydig sur la tête de l'*Amblyopsis spelæus*, le poisson
aveugle des cavernes du Kentucky. Il n'est pas impro-
bable que les extrémités pigmentées des pédoncules
que nous venons de mentionner soient phosphorescentes pendant la vie du *Gastrostomus*

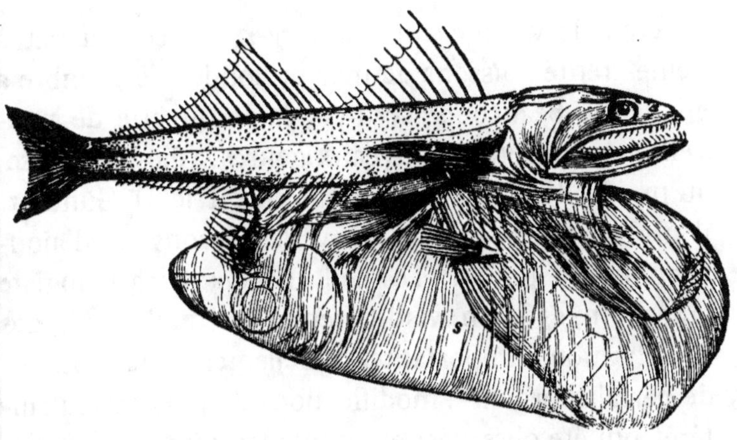

FIG. 23. — *Chiasmodus niger*, recueilli dans le nord de l'Atlantique à une profondeur de 3000 mètres. Ce spécimen a avalé un gros *Scopelus*. (D'après
Günther.)

Quelques-uns des voraces poissons de la mer
profonde ont un estomac si vaste et surtout si élastique, qu'il est susceptible de contenir une proie deux
ou trois fois aussi volumineuse que l'agresseur à jeun
(*Melanocetus, Chiasmodus, Saccopharynx*). C'est ce
qu'on voit bien dans la figure 23.

La déglutition a lieu, chez ces animaux, non à l'aide
des muscles du pharynx comme chez les autres poissons, mais par l'action indépendante et alternative des
mâchoires comme chez les serpents. Les poissons

abyssaux n'avaient donc point leur proie à proprement parler, mais ils se tirent plutôt eux-mêmes sur leur victime à la manière d'une Actinie.

2. Distribution géographique des poissons abyssaux.

Avant le voyage du *Challenger*, on connaissait à peine trente poissons de mer profonde. Ce nombre a été depuis beaucoup accru par la découverte de nouvelles espèces et de nouveaux genres. Chose curieuse, au moins d'après ce que nous en dit le Dr Günther, il n'y a pas de familles nouvelles. Il convient d'ajouter pourtant que M. Th. Gill, le savant ichtyologiste américain, est d'un avis différent. Quoi qu'il en soit, des modifications importantes, totalement inattendues, de certains organes, modifications du plus sérieux intérêt, ont été observées et seront mentionnées ci-après.

En ce qui concerne les profondeurs auxquelles les poissons abyssaux ont été recueillis, on ne saurait, selon le savant conservateur du département zoologique au British Museum, accueillir sans discussion les chiffres fournis par l'expédition du *Challenger*. En effet, aucune précaution n'avait été prise pour clore l'ouverture de la drague pendant la descente ou pendant l'ascension. Dès lors, l'appareil a pu prendre, en remontant du fond, dans le voisinage de la surface, des formes supposées abyssales et qui n'ont rien, dans leur organisation, de commun avec celles-ci. Cela arriva plus d'une fois, car il est positif que des types des eaux supérieures, comme *Sternoptyx* et *Astro-*

nesthes, ne s'enfoncent jamais jusqu'à une profondeur de 5000 mètres. Toutefois, la majorité des poissons obtenus par des dragages profonds témoigne que ces animaux sont incapables de vivre à la surface ou même à une certaine distance du fond et que, par conséquent, ils ont bien été recueillis au point le plus bas où la drague est descendue.

Pour autant que nos connaissances actuelles nous permettent d'en juger, il n'exite pas de zones bathymétriques caractérisées par des formes spéciales. On remarque seulement que, de 400 à 1200 mètres, il y a beaucoup de types rappelant fortement les poissons de la surface. A cette faune appartiennent notamment les Chondroptérygiens de mer profonde. D'ailleurs, avant qu'une division en zones bathymétriques puisse être tentée, il est indispensable que les observations du *Challenger* soient confirmées et étendues d'une manière systématique. C'est du moins l'opinion du Dr Günther.

Ainsi, l'une des conclusions auxquelles on arriverait, d'après les documents du navire anglais, serait que certaines espèces de poissons peuvent vivre partout entre 600 et 2000 mètres. Donc, un de ces êtres dont l'organisation est modifiée pour exister sous une pression d'une demi-tonne pourrait facilement s'adapter à une pression de deux tonnes et plus; résultat paradoxal, ne concordant pas avec les données anatomiques, et qui demande à être appuyé par de nouvelles études.

La plus grande profondeur atteinte par une drague ramenant un poisson est de 5800 mètres. Mais les spécimens ainsi obtenus *(Gonostoma microdon)* semblent être extrêmement abondants dans les eaux supérieures de l'Atlantique et du Pacifique et ont pu, en conséquence, être recueillis par l'appareil dans son mouvement ascensionnel. Le second chiffre le plus élevé pour les profondeurs où l'on récolta des poissons est de 5500 mètres, et la forme obtenue cette fois est bien, par son organisation, un type abyssal *(Bathyophis ferox)*.

La faune ichtyologique de mer profonde se compose de formes identiques ou voisines de celles qu'on rencontre à la surface dans les régions froides et tempérées.

Les Chondroptérygiens, ou poissons cartilagineux, y sont peu nombreux et, d'ailleurs, ne descendent pas au delà de 1200 mètres.

Les Acanthoptérygiens, ou poissons osseux à nageoires épineuses, qui constituent la majorité des formes littorales et pélagiques, n'y sont pas non plus très bien représentés. On y remarque toutefois des genres identiques avec ceux de la surface, qui descendent aux mêmes profondeurs peu considérables que les Chondroptérygiens, et d'autres, véritablement spécialisés pour la vie dans les abysses, qui sont distribués entre 400 et 4800 mètres. Il y a trois familles d'Acanthoptérygiens, suivant M. Günther, qui appartiennent à la mer profonde ; ce sont : les *Trachypteridæ*, les *Lophotiæ* et les *Notacanthidæ*. Elles consistent respectivement en trois, un ou deux genres seulement.

Au contraire, les Malacoptérygiens, ou poissons

osseux à nageoires élastiques, sont fort abondants dans les abysses. Ainsi, parmi les *Anacanthini*, les *Gadidæ*, les *Ophidiidæ*, et les *Macruridæ* y sont très répandus à toutes les profondeurs; ils constituent à eux seuls environ un quart de la faune ichtyologique abyssale tout entière.

D'autre part, dans les Physostomes, ou poissons osseux à vessie natatoire-réunie avec le tube digestif par un conduit aérien, les familles des *Sternoptychidæ*, des *Scopelidæ*, des *Stomiatidæ*, des *Salmonidæ*, des *Bathythrissidæ*, des *Alepocephalidæ*, des *Halosauridæ* et des *Murænidæ* sont représentées ; les *Scopelidæ* atteignent presque un second quart des poissons de mer profonde. Les *Salmonidæ* sont rares et n'ont dans les abîmes de la mer que trois genres seulement. Les *Bathythrissidæ* ne renferment qu'une espèce dont la distribution est probablement extrêmement limitée, verticalement et horizontalement ; on l'a recueillie par 700 mètres environ dans la mer du Japon. Les *Alepocephalidæ* et les *Halosauridæ*, connus seulement par quelques spécimens isolés avant l'expédition du *Challenger*, sont de véritables types abyssaux à vaste distribution. La famille des Anguilles aime également la mer profonde, car ses formes ont été observées jusque dans les plus grandes profondeurs.

III. Les formes des Poissons abyssales.

Après ces généralités, nous passerons à l'examen des poissons des abysses les mieux étudiés et les plus intéressants.

Dans ce qui va suivre, comme dans ce qui précède nous adopterons généralement les vues de M. Günther, bien que les idées du savant naturaliste anglais sur la systématique des poissons de mer profonde aient été vivement combattues par un ichtyologiste américain, M. Th. Gill.

Les poissons abyssaux, que nous nous proposons de passer en revue, dans ce qui va suivre, appartiennent à huit groupes différents.

1. Le premier, riche en formes de mer profonde, est celui des *Pediculati*. Il fait partie des Téléostéens acanthoptérygiens, c'est-à-dire des poissons osseux dont les nageoires, paires ou impaires, renferment des rayons rigides, de véritables épines.

La tête et la portion antérieure du corps des animaux de cette famille sont énormes, comparées au reste de la bête, et dépourvus d'écailles. Les dents sont villiformes. La fraction épineuse de la nageoire dorsale est située très en avant, et ne se compose que d'un petit nombre de rayons fréquemment métamorphosés en tentacules. Les nageoires ventrales, qui correspondent aux membres postérieurs des Mammifères, sont jugulaires ; en d'autres termes, elles sont placées en avant des nageoires pectorales, ou membres antérieurs. Il est vrai qu'elles manquent parfois, comme c'est généralement le cas pour les types vivant dans les abîmes de la mer.

Les *Pediculati* constituent peut-être, parmi les poissons, le groupe offrant le plus d'êtres bizarres. Mais ils ont tous un caractère commun : ils sont paresseux et se déplacement difficilement, étant mauvais nageurs.

On y rencontre trois catégories d'animaux : les espèces littorales, les espèces pélagiques et les espèces abyssales.

La forme littorale la mieux connue est la Baudroie (*Lophius piscatorius*), qu'on trouve notamment sur les côtes européennes. Elle peut dépasser 1^m,50 en longueur.

Antennarius nous représente, d'autre part, un genre adapté à des mœurs pélagiques. Toutefois, puisque, comme ses congénères, il est mauvais nageur et que cela est assez peu compatible avec une existence en haute mer, il se contente de s'accrocher aux végétaux flottants qui composent la mer des Sargasses.

Les types abyssaux des *Pediculati* sont assez nombreux. Ce sont : *Ceratias, Himantolophus, Linophryne, Melanocetus, Oneirodes* et *Chaunax*.

Le *Ceratias* a été décrit, pour la première fois, par M. Kröyer [1], en 1845. Depuis, il en a été découvert de nouvelles espèces, notamment par l'expédition du *Challenger* [2]. Le *Ceratias uranoscopus* (fig. 24) est de petite taille : il ne mesure que 90 millimètres.

Le corps du *Ceratias* est très comprimé bilatéralement et d'un noir de jais. La fente de la bouche est large, presque verticale. Les yeux sont extrêmement petits. Les dents sont délicates et susceptibles d'être abaissées d'avant en arrière sous une légère pression.

---

[1] Kruyer, *Naturhistorisk. Tidsskrift*. 2^{den} Rœkke. 1ste Bind, s. 639-648.

[2] Wyville Thomson, *The Atlantic*, London, 1877, t. II, p. 69.

Le palais est dépourvu de dents. La portion épineuse de la nageoire dorsale se compose essentiellement d'un long tentacule, atteignant l'extrémité de la queue lorsqu'on le rabat suivant l'axe du corps. Le sommet de ce tentacule, par dérogation au reste de l'animal, n'est pas noir, mais blanchâtre, semi-transparent, et était vraisemblablement phosphorescent pendant la vie. La peau est parsemée de petits tubercules coniques, osseux. Les nageoires ventrales manquent. Le *Ceratias*, comme la plupart de ses parents abyssaux, n'est donc qu'un cul-de-jatte. Quant aux nageoires pectorales, elles sont très courtes. Le squelette est mou et fibreux, ainsi que cela arrive fréquemment chez les poissons de mer profonde.

Le *Ceratias* vit, sans aucun doute, directement sur le fond de l'Océan, où il attend sa proie, qui, attirée par l'extrémité lumineuse du grand tentacule dorsal, vient s'engloutir dans la large gueule du monstre, minuscule pour nous et souvent gigantesque pour elle.

Le spécimen représenté (fig. 24) a été recueilli à une profondeur d'environ 4800 mètres.

L'*Himantolophus* est connu du monde savant depuis 1837, grâce à M. Reinhardt père[1], qui n'eut pourtant en sa possession que le tentacule de cet être bizarre. Cependant, une heureuse trouvaille, faite en 1867 dans le voisinage du Groënland comme la première, a permis au professeur Chr. Lütken[2],

---

[1] Reinhardt, *Vidensk. Selsk. Skr.*, Kjöbenhaven, 1837.

[2] Chr. Lütken, Til kundskab om to arktiske Slœgter af Dybhavs-Tudsefiske : Himantolophus og Ceratias (*Vidensk. Selsk. Skr.*, Kjöbenhaven, 1873).

de nous donner une description de l'animal complet.

Qu'on se figure un *Ceratias* à contour ovalaire, et dont le rayon dorsal unique serait remplacé par un tentacule ramifié dont les nombreuses branches rappellent véritablement celles d'un arbre, et on aura une bonne idée de l'*Himantolophus*. Ajoutons que ce der-

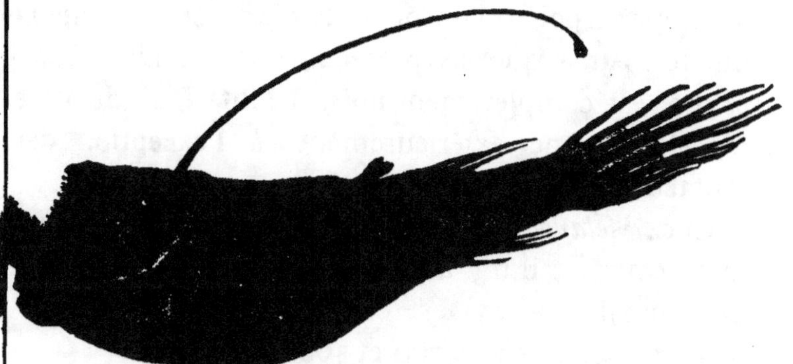

Fig. 24. — *Ceratias uranoscopus*, Murray (d'après l'*Atlantic* de sir Wyville Thomson).

nier Lophioïde est aussi complètement noir, à l'exception des extrémités de tous les rameaux de son singulier tentacule qui sont blanches et phosphorescentes pendant la vie, ce qui achève d'en rendre le propriétaire tout à fait fantastique. L'*Himantolophus* mesure 0^m,40.

Linophryne appartient aux découvertes les plus récentes. Bien que recueilli en 1877, dans le voisinage de Madère, station favorite des poissons abyssaux, il n'a été publié, par suite de diverses circonstances, qu'en 1886[1], par M. R. Collett, le savant conservateur

---

[1] R. Collett, On a new Pediculate Fish from the sea off Madeira (*Proc. Zool. Soc.*, London, août 1886).

du musée de Christiania. Qu'on ajoute à *Ceratias*, après avoir réduit au quart de sa longueur le long tentacule dorsal, un grand barbillon bifide, à extrémités blanches et phosphorescentes, au-dessous du menton, et on aura produit un *Linophryne*. On se figurera aisément la voracité de celui-ci quand on saura qu'il a o^m,049 de long et qu'on a trouvé à son intérieur un poisson un fois et demie aussi volumineux que lui. Ainsi que les précédents Lophioïdes, *Linophryne* est complètement noir, à l'intérieur du tube digestif comme extérieurement, à l'exception des tentacules.

Chez *Melanocetus*, le tentacule dorsal est extrêmement court et il n'y a pas de barbillon au menton. Cet animal (fig. 25) est connu par plusieurs spécimens recueillis entre 700 et 3600 mètres.

Il a été mentionné, pour la première fois, par le Dr Günther, en 1864[1], et mesure environ o^m,08.

Oneirodes, dont nous devons la connaissance au professeur Chr. Lütken, qui le publia en 1871[2], se distingue des *Pediculati* ci-dessus mentionnés en ce que, outre le tentacule antérieur ramifié et lumineux que nous avons rencontré d'abord chez *Ceratias*, il en existe un second au milieu du dos. *Oneirodes* a o^m,205.

Enfin on sait, depuis 1846[3], qu'il existe dans les abysses, encore près de Madère, un magnifique

---

[1] A. Günther, On a new genus of Pediculate Fish from the sea off Madeira (*Proc. Zool. Soc.*, London, 1864).

[2] Chr. Lütken, *Oneirodes Eschrichtii. Ltk., en ny grönlandsk Tudsefisk. Overs. Kong. Dansk. Vidensk. Sels. Forh.* 1871.

[3] R. T. Lowe. On a new genus of the family *Lophidæ* discovered in Madeira (*Trans., Zool. Soc.*, London, vol. III).

Lophioïde qui a été décrit par R. T. Lowe. La tête en est large, déprimée. La fente de la bouche est presque verticale. Les yeux sont petits. Les mâchoires et le palais sont couverts de dents villiformes. La peau contient de petites épines. La portion épineuse de la nageoire dorsale est réduite à un tout petit tentacule placé sur le bout du museau. Contrairement aux autres *Pediculati* abyssaux, il possède des nageoires ventrales (il n'est donc pas cul-de-jatte) et, de plus, il

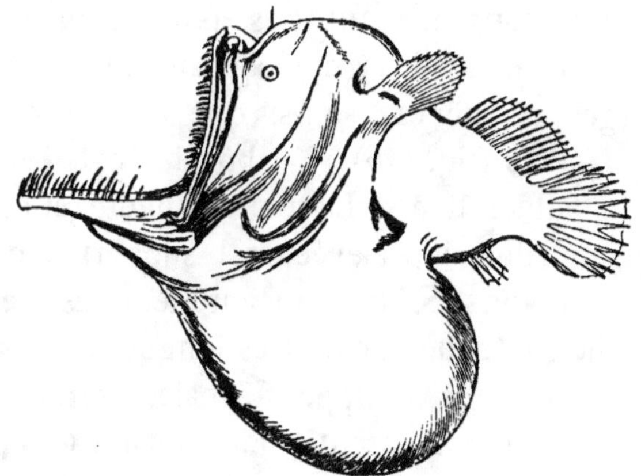

Fig. 25. — *Melanocetus Johnsoni*, Günther (d'après Günther).

n'est point noir, mais d'un beau rouge. On l'a recueilli à 230 mètres de profondeur.

2. Le second groupe de poissons de mer profonde dont nous ayons à nous occuper est celui des *Trachypteridæ*. Il appartient encore aux Téléostéens acanthoptérygiens; mais, à l'encontre des *Pediculati* qui renferment des types littoraux, pélagiques et abyssaux, les *Trachypteridæ* vivent exclusivement dans les abîmes de l'Océan.

Les *Trachypteridæ*[1] sont des poissons rubanés dont la nageoire dorsale est aussi longue que le corps. L'anale est absente et la caudale est, soit rudimentaire, soit dirigée autrement que suivant l'axe principal de la bête.

Ces animaux sont de véritables poissons abyssaux qu'on rencontre dans tous les océans, flottant morts à la surface, ou sur les rivages, amenés qu'ils sont en cet endroit par les vagues de la mer. Leur corps est réellement un ruban, les spécimens de 15 à 20 pieds de long n'ayant pas plus d'un à deux pouces dans leur plus grande épaisseur. Les yeux sont larges et latéraux, ainsi que le montre *Trachypterus tænia* (fig. 26). La bouche est petite et garnie de faibles dents. La tête est haute et courte. La nageoire dorsale, élevée, est supportée par de nombreux rayons. Sa portion antérieure est séparée du reste et soutenue par de très longues épines, formant une sorte de houppe. L'anale, comme nous l'avons déjà dit, est absente. La caudale, lorsqu'elle est préservée, ce qui est rare, au lieu d'entourer l'extrémité postérieure du corps, est située dorsalement et constitue une autre houppe plus ou moins comparable à celle de la tête. Les ventrales sont thoraciques, c'est-à-dire directement placées au-dessous des pectorales ; en d'autres termes, les pattes de derrière sont insérées ici au niveau des épaules. Elles

---

1 Nous extrayons les renseignements qui suivent de l'excellente *Introduction to the study of Fishes* du Dʳ A. Günther, à laquelle nous avons déjà fait et nous ferons encore de fréquents emprunts.

sont longues et composées de plusieurs rayons ou réduites à un simple filament.

La coloration des *Trachypteridæ* est ordinairement argentée, avec des tons rosés sur les nageoires.

On ignore à quelle profondeur vivent ces êtres singuliers.

Les *Trachypteridæ* se divisent en trois genres : *Trachypterus*, représenté plus haut, avec des nageoires ventrales possédant plusieurs rayons, c'est-à-dire

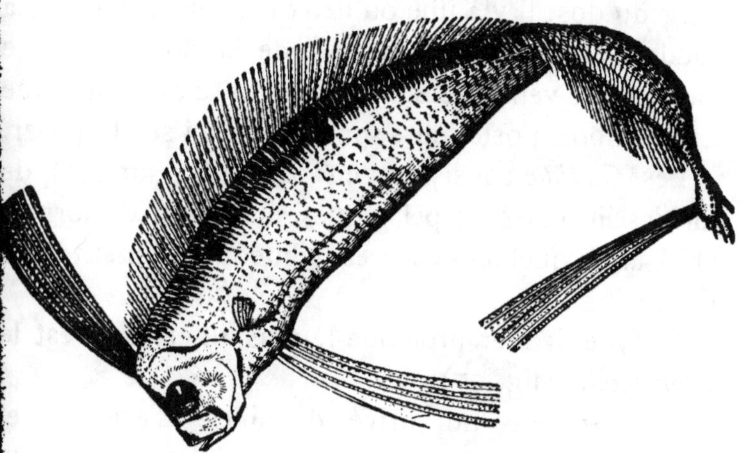

Fig. 26. — *Trachypterus tænia* (d'après Günther).

constituant de véritables nageoires. Le Musée royal de Bruxelles en possède deux beaux spécimens.

Regalecus, dont les nageoires ventrales sont réduites à de simples filaments. On en a trouvé qui mesuraient 25 pieds.

Stylophorus, connu par un seul individu conservé au musée du *College of Surgeons*, à Londres. Il n'a pas de nageoires ventrales du tout (encore un cul-de-jatte).

3. Le troisième groupe de poissons abyssaux rentre dans les *Gadidæ*, famille qui appartient aux *Anacanthini*, ou poissons osseux à nageoires élastiques privées de rayons épineux et à vessie natatoire dépourvue de connexion avec le tube digestif. Les *Gadidæ* sont les animaux de la famille de la morue. Ils sont caractérisés par un corps plus ou moins allongé et couvert de petites écailles lisses. Ils possèdent deux ou trois nageoires dorsales occupant presque tout le long du dos. Il y a une ou deux nageoires anales. La caudale est nettement séparée de la dorsale ou de l'anale. Les ventrales sont jugulaires, c'est-à-dire que les membres postérieurs sont insérés ici sur le gosier.

Les *Gadidæ* consistent en partie (et surtout) de formes littorales et pélagiques, en partie de formes abyssales ; quelques espèces habitent également l'eau douce.

Le type de mer profonde le plus intéressant est le *Chiasmodus* (fig. 27).

Le corps est nu, privé d'écailles. L'estomac et l'abdomen sont extrêmement extensibles. Il y a deux nageoires dorsales et une anale. La caudale est franchement distincte. Les ventrales sont plutôt étroites. Les mâchoires supérieure et inférieure sont armées de deux séries de dents larges et pointues, dont quelques-unes sont très mobiles. Il y a aussi des dents sur le palais, mais point de barbillon au menton. *Chiasmodus* se rencontre jusqu'à 3000 mètres de profondeur.

4. Nous arrivons maintenant au quatrième groupe formé par les *Ophidiidæ*. Il appartient, comme le

précédent, aux *Anacanthini*. Les animaux qu'il renferme ont un corps nu ou écailleux. Les nageoires
verticales sont généralement continues. Les nageoires
ventrales sont absentes ou rudimentaires et, dans ce
dernier cas, elles sont jugulaires.

Les *Ophidiidæ* sont des poissons presque tous marins
(à une seule exception près), en partie littoraux, en
partie abyssaux. Ils renferment notamment *Fierasfer*,

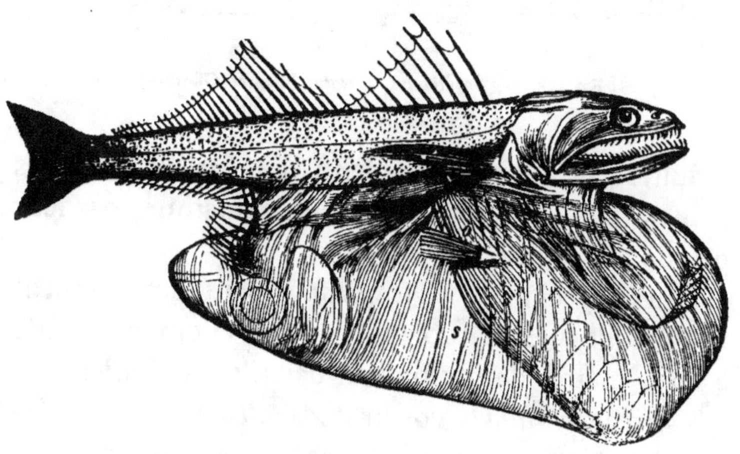

FIG. 27. — *Chiasmodus niger* (d'après Günther).

le curieux commensal des Holothuries (à l'intérieur
desquelles il cherche un abri, mais sans se nourrir à
leurs dépens), et *Lucifuga*, qui habite l'eau douce
dans les cavernes de Cuba et qui se fait remarquer par
sa cécité.

Les deux formes les plus intéressantes d'*Ophidiidæ*
dans les mers profondes sont *Acanthonus* et *Aphyonus*.

Acanthonus a la tête forte (fig. 28), et défendue
par un système d'épines. Le tronc est extrêmement

court, l'anus s'ouvrant sous la gorge. La queue est mince et se termine en pointe. Les yeux sont petits. Il y a des dents dans les mâchoires et sur le palais, mais point de barbillon. Les nageoires ventrales sont

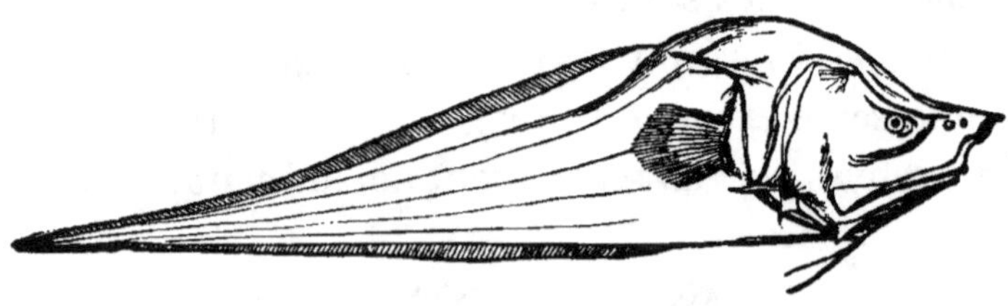

FIG. 28. — *Acanthonus armatus* (d'après Günther).

réduites à de simples filaments. Les écailles sont très petites. Les os de la tête se font remarquer par leur peu de résistance.

Deux spécimens d'*Acanthonus* sont actuellement connus. Ils mesurent 0ᵐ,26 de long, et ont été pêchés à 2000 mètres de profondeur dans l'océan Indien.

Tauredophidium [1], voisin d'*Acanthonus*, a une tête massive. Son museau est large, avec bouche terminale. Il n'a point d'yeux. Ses dents sont villiformes. Il possède de petites écailles caduques. Ses nageoires verticales sont confluentes ; les pectorales sont normales ; les ventrales, réduites, chacune, à un filament.

Ce poisson est d'une couleur chocolat uniforme. L'intérieur de la gueule est noir.

Il fut capturé, en mars 1890, par 2358 mètres, au large de Madras.

----

1 A. Alcock, On the Bathybial Fishes collected in the Bay of Bengal during the season 1889-90 (*Annals and Mag. Nat. Hist.*, septembre 1890).

Aphyonus (fig. 29) a la tête, le tronc et la queue fortement comprimés et enveloppés d'une peau mince, sans écailles. Contrairement au type précédent, nous avons ici un anus rejeté très loin en arrière. Le museau est renflé et se prolonge au delà de la bouche. Il n'y a pas de dents dans la mâchoire supérieure et de très petites seulement dans l'inférieure. Il n'y a point d'yeux, point de barbillon, et on observe sur le crâne un système de canaux muqueux très développés.

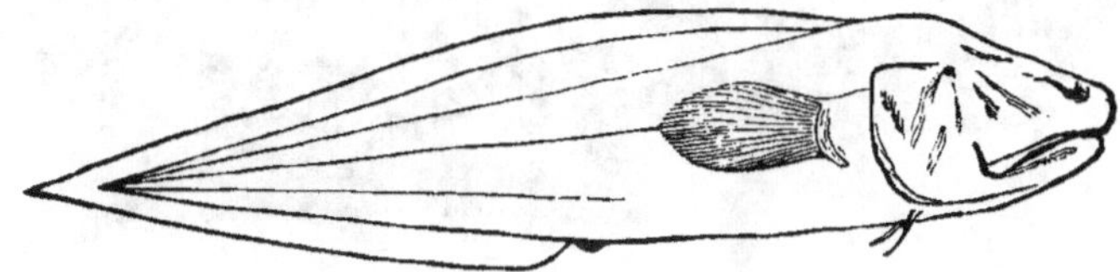

Fig. 29. — *Aphyonus gelatinosus* (d'après Günther).

Aphyonus est connu par un spécimen unique, de 0ᵐ,10 de long, pêché à 2800 mètres de profondeur au sud de la Nouvelle-Guinée.

5. Le cinquième groupe de poissons abyssaux, constitué par les *Macruridæ*, appartient toujours aux *Anacanthini*. Le corps de ces animaux est terminé par une queue longue et se rétrécissant graduellement en pointe. La peau est couverte d'écailles ornées de stries, d'épines, de carènes, etc. Il y a une première nageoire dorsale courte; puis, une seconde continue avec la caudale et l'anale. Les nageoires ventrales sont thoraciques ou jugulaires. Selon le Dʳ Günther, ce sont, en réalité, des *Gadidæ* de mer profonde, sauf en ce qui concerne le museau et la structure des écailles.

Les deux types les plus curieux des *Macruridæ*
sont *Macrurus* (fig. 30) et *Coryphæonides* (fig. 31).

Chez le premier, les écailles sont de taille moyenne,
le museau est conique et se projette en avant de la
bouche, qui est inférieure.

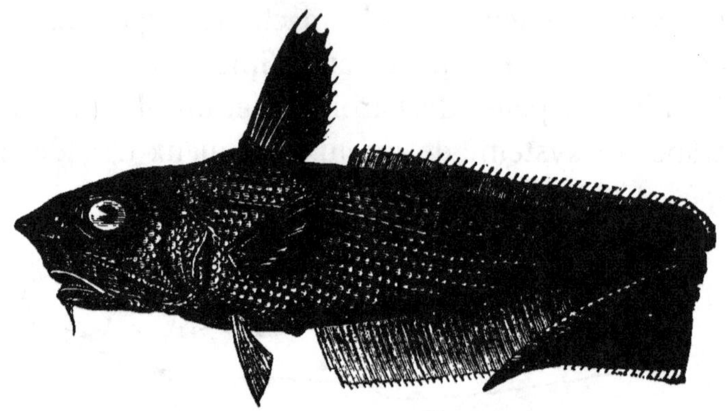

FIG. 30. — *Macrurus australis* (d'après Günther).

Coryphœnoides, au contraire, a lemuseau obtus et
la fente de sa bouche est latérale.

Voisin de ces dernières formes est l'étrange *Eury-
pharynx pelecanoïdes*, ainsi appelé à cause de l'immense poche, qui lui pend sous la mandibule. Cette
espèce, longue d'un demi-mètre, a le corps noir et
de la même forme que les précédentes; la bouche
est énorme et trois fois plus longue que la tête; il
n'existe qu'une paire de nageoires, l'antérieure, et
encore est-elle réduite à l'état de deux très petits
lobes; enfin il n'y a point de vessie natatoire.

Cet animal, qu'on a rencontré, dans l'océan Atlantique, entre 1500 et 2000 mètres, est enfoncé dans la
vase, comme *Melanocetus*, etc., n'en laissant émerger

que l'extrémité de la bouche; de telle sorte que les yeux, pour être utiles, ont dû venir se placer à l'extrémité antérieure de la mandibule supérieure.

6. Notre sixième groupe comprend les *Scopelidæ*, qui se rangent dans les Physostomes, ou poissons osseux à nageoires élastiques (dépourvues d'épines osseuses) et à vessie natatoire en communication *(lorsqu'elle existe)* avec le tube digestif. Le corps des poissons de cette famille peut être nu ou écailleux. Il n'y a jamais de barbillon chez ces animaux. La vessie natatoire manque. On observe une nageoire adipeuse.

Les *Scopelidæ* sont exclusivement marins, généralement pélagiques ou abyssaux. Le type en est *Scopelus*, si intéressant à cause de ses «yeux accessoires».

Les formes de mer profonde les plus curieuses sont *Bathypterois* (fig. 32) et *Ipnops* (fig. 33).

Le corps du *Bathypterois* est, d'une manière générale, plutôt allongé. La tête est d'une grosseur moyenne, déprimée antérieurement et dépourvue d'écailles. Le museau est bien prononcé et la mandibule se projette en avant fort au delà de la mâchoire supérieure. La fente de la bouche est large; les sus-maxillaires sont très développés, très mobiles et extrêmement dilatés en arrière. Les dents sont villiformes et constituent des rangées étroites dans les mâchoires. De chaque côté du large vomer, il y a un petit groupe de semblables dents, toutefois le palais proprement dit et la langue en sont dépourvus. Les yeux sont extraordinairement petits. Les écailles sont

Fig. 31. — *Coryphœnoides serr[...]*

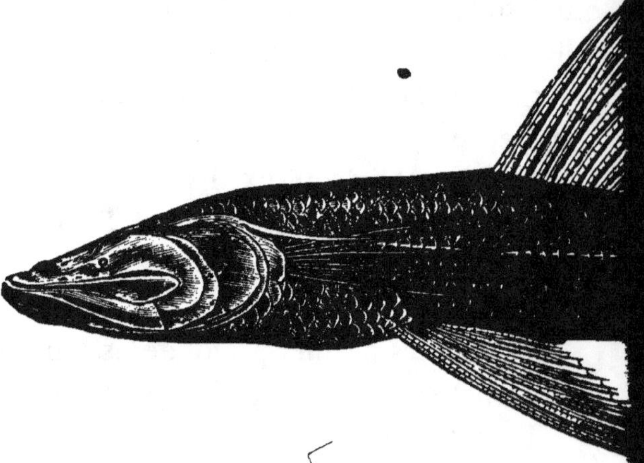

Fig. 32. — *Bathypterois longipes ([...]*

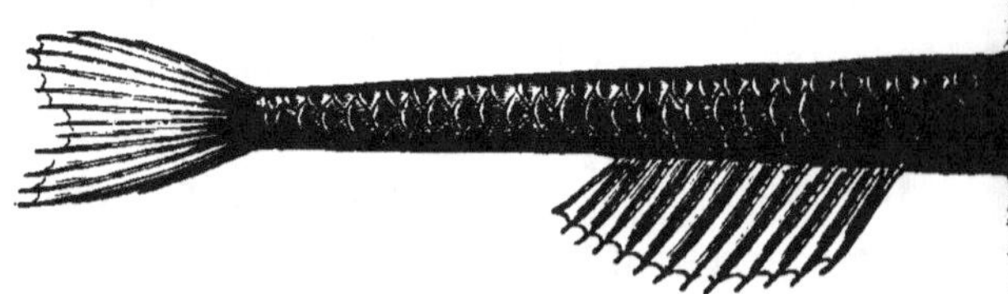

Fig. 33. — *Ipnops Murrayi (d'ap[...]*

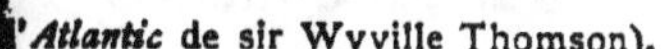

Atlantic de sir Wyville Thomson).

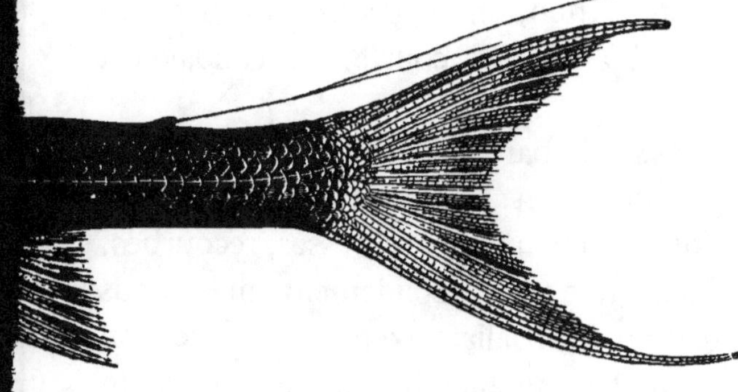

Narrative de l'expédition du *Challenger*).

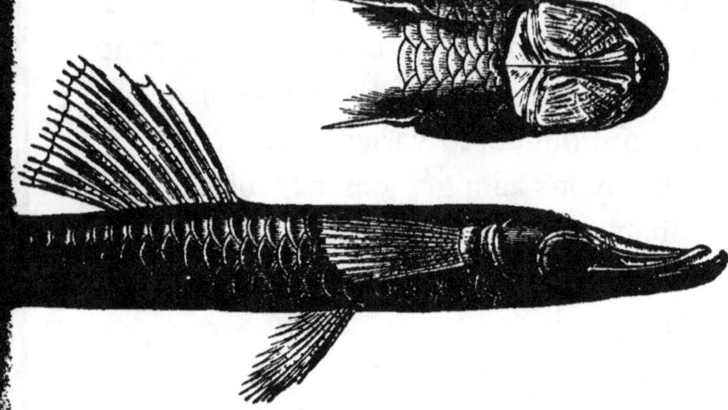

Narrative de l'expédition du *Challenger*).

cycloïdes, c'est-à-dire arrondies en arrière, solidement implantées et de taille modérée. Les rayons de la nageoire pectorale sont fort allongés, quelques-uns des supérieurs étant séparés du reste et composant un groupe à part. Les nageoires ventrales sont abdominales, c'est-à-dire en arrière des pectorales, et leurs rayons externes sont également de grandes dimensions. La nageoire dorsale est insérée au milieu du corps, au-dessus ou immédiatement en arrière du point d'attache des ventrales; elle est de grandeur moyenne. Il y a, ou non, une nageoire adipeuse suivant les espèces. L'anale est courte. La caudale est échancrée.

Les *Bathypterois* pris par le *Challenger* étaient morts lorsqu'on les recueillit, et les longs rayons de leurs nageoires pectorales étaient alors redressés, recourbés, au-dessus de leur tête et si solidement maintenus dans cette position qu'il fallait exercer une pression considérable pour les ramener le long des côtés du corps.

Ces singuliers animaux constituent une des découvertes du *Challenger*, car on n'en avait jamais entendu parler avant le célèbre voyage de ce navire. Ils sont largement distribués dans les mers de l'hémisphère austral, à des profondeurs variant de 1000 à 5000 mètres. Les rayons allongés des nageoires pectorales sont probablement des organes du toucher.

Quatre espèces de *Bathypterois* sont actuellement connues. La plus grande mesure 0^m,26.

Ipnops n'est pas moins bizarre. Son corps est également allongé, subcylindrique. Il est couvert de

grandes écailles minces, se détachant aisément et
dépourvues d'organes phosphorescents. La tête est
déprimée et se termine en avant par un museau large,
long, en forme de spatule, entièrement recouvert par
deux grandes plaques dont nous indiquerons la signification tout à l'heure. Les os de la tête sont bien
ossifiés. La bouche est large, avec mâchoire inférieure dépassant la supérieure. Les susmaxillaires
sont dilatés en arrière. Les deux mâchoires sont garnies de bandes étroites de dents villiformes; le palais
est privé de dents. Les nageoires pectorales et les nageoires ventrales sont bien développées et, grâce à
la brièveté du tronc, placées les unes auprès des
autres. La nageoire dorsale est rejetée très peu en
arrière de l'anus. Il n'y a pas de nageoire adipeuse.
La nageoire anale est modérément longue. La nageoire caudale n'est point échancrée. Les yeux manquent totalement.

Ce qu'on avait désigné autrefois sous ce nom sont
les deux grandes plaques réunies sur la ligne médiane.
Ce sont des organes producteurs de lumière, dont la
substance phosphorescente occupe une chambre peu
élevée sous une membrane transparente.

Des plaques lumineuses de cette espèce se rencontrent encore chez d'autres espèces abyssales,
comme par exemple chez *Malacosteus,* poisson noir
rencontré jusqu'à 2500 mètres, dans l'océan Atlantique.

Mais chez lui les plaques phosphorescentes sont
situées de chaque côté de la tête, au nombre de deux
qui se suivent, en arrière de l'œil; la lumière émise

par l'antérieure est moins verte que celle produite par la seconde.

Ipnops, comme *Bathypterois*, était inconnu avant l'expédition du *Challenger*. Quatre spécimens en ont été capturés à des profondeurs variant entre 3200 et 4300 mètres, au large des côtes du Brésil, près de

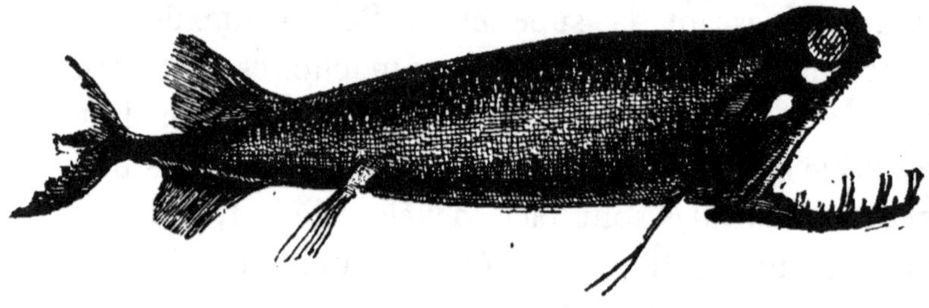

Fig. 34. — *Malacosteus.*

Tristan d'Acunha et au nord de Célèbes. Ils varient en longueur de 8 à 11 centimètres.

7. Le septième groupe de poissons de mer profonde est constitué par les *Sternoptychidæ*, qui sont encore des Téléostéens physostomes.

Cette famille comprend des poissons pélagiques et abyssaux de petite taille.

Elle est caractérisée par des animaux à corps nu ou recouvert d'écailles minces et peu adhérentes. Il n'y a jamais de barbillons. L'ouverture des ouïes est très large. La vessie natatoire est simple, lorsqu'elle est présente. Il existe une nageoire adipeuse, mais elle est ordinairement rudimentaire. Il y a des séries d'organes phosphorescents le long de la partie inférieure du corps.

Le type abyssal le plus remarquable de ce groupe est *Chauliodus* (fig. 34). Le corps de cet animal est allongé, couvert d'écailles extrêmement minces et tombant avec la plus grande facilité. Des séries d'organes phosphorescents sont distribuées le long du bord inférieur de la tête, du tronc et de la queue. La tête est haute et comprimée bilatéralement. Ses os

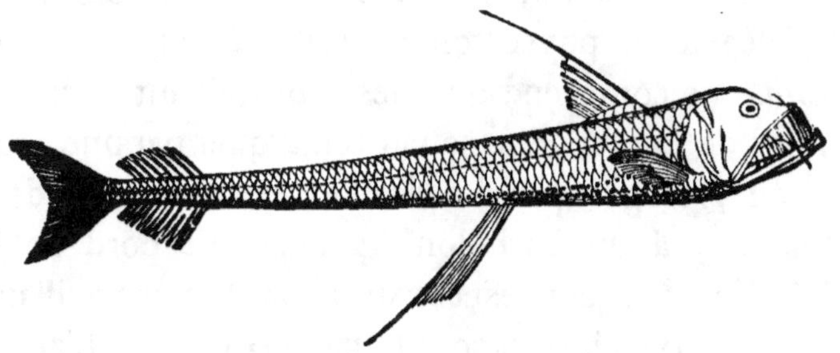

Fig. 35. — *Chauliodus sloanii* (d'après Günther).

sont minces. La fente de la bouche est excessivement large. Chaque intermaxillaire est pourvu de quatre grandes dents en forme de canines. Le bord du sus-maxillaire est finement dentelé. La mandibule est pourvue de dents énormes, surtout en avant ; cependant ces crocs restent extérieurs à la bouche lorsque celle-ci est fermée. Le palais est garni de petites dents pointues. Par contre, la langue en est dépourvue. Les yeux sont de taille moyenne. Les nageoires pectorales et les nageoires ventrales sont bien développées. La nageoire dorsale est située très antérieurement, en avant des ventrales. L'ouverture branchiale est large.

Le genre *Chauliodus*, dont on ne connaît qu'une seule espèce, se trouve dans les grandes profondeurs de tous les océans et ne paraît point être rare. Il atteint une longueur de 25 centimètres et doit être un des poissons les plus voraces des abysses.

8. Le huitième et dernier groupe dont nous avons à nous occuper est formé par les *Stomiatidæ*, qui, comme la famille précédente, rentrent aussi dans les Téléostéens physostomes. Cette famille des *Stomiatidæ* ne comprend que des types vivant dans les abîmes de la mer. Elle se fait remarquer par une peau nue ou protégée par des écailles extrêmement délicates. Il y a un barbillon hyoïdien. Le bord de la mâchoire supérieure est constitué par l'intermaxillaire et le susmaxillaire qui sont tous deux dentés. L'appareil operculaire est peu développé. L'ouverture branchiale est très large.

Parmi les êtres de ce groupe les plus curieux et les mieux connus, il convient de citer *Astronesthes* (fig. 36) et *Echiostoma* (fig. 37).

Astronesthes est caractérisé par deux nageoires dorsales dont la postérieure est adipeuse. Il possède plusieurs taches blanches à la surface du corps, lesquelles ne sont autre chose que des organes de phosphorescence. Ce poisson est le plus petit de la famille.

Le spécimen d'*Echiostoma* que nous représentons mesure 0^m,32.

L'extrémité de son barbillon est épaissie, couleur de chair marbrée de rose. Les nageoires dorsale et anale montrent également une teinte rose. Le reste du corps est de couleur sombre avec un reflet ardoisé.

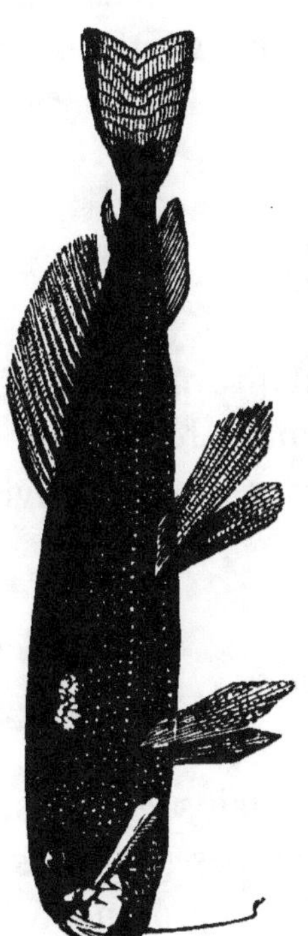

Fig. 36. — *Astronesthes niger* (d'après Günther).

Fig. 37. — *Echiostoma micripnus* (d'après le *Narrative* de l'expédition du *Challenger*).

Les organes phosphorescents situés le long du ventre, la ligne latérale et les taches placées au-dessous de l'œil sont rouges.

Nous voici arrivé au terme de cette longue et pourtant bien incomplète énumération des poissons abyssaux les plus importants. Il aurait fallu, pour donner une idée plus exacte de ces formes bizarres, parler des *Saccopharynx*, des *Stomias*, etc. Mais cela nous aurait entraîné trop loin.

IV. MOLLUSQUES

D'une façon générale, on peut dire que cet embranchement n'est pas aussi richement représenté dans les abysses que certaines autres grandes divisions d'animaux invertébrés.

1. Céphalopodes

Cela est surtout vrai pour certains groupes, tels que celui des Seiches et des Poulpes (ou classe des Céphalopodes), qui ne s'étend en profondeur que jusqu'à 3500 mètres au maximum.

Les espèces des Céphalopodes qui habitent jusqu'à ce niveau sont caractérisées par une taille assez réduite (*Bathyteuthis, Cirroteuthis*, etc.). Toutes sont d'ailleurs des formes nageuses et doivent vraisemblablement être considérées plutôt comme des animaux pélagiques que comme des mollusques abyssaux.

2. Gastropodes

Cette seconde classe, qui renferme les Mollusques rampeurs et à coquille d'une pièce (comme le Buccin, le Colimaçon, etc.), se trouve représentée, par des formes vivantes, jusqu'aux environs de 5000 mètres de profondeur.

Chez ces formes encore, on remarque que la taille est habituellement modérée et la coquille souvent incolore.

Pour ce qui concerne les subdivisions de la classe des Gastropodes qui caractérisent surtout la faune abyssale, on ne peut ici généraliser avec beaucoup de certitude, car les matériaux jusqu'ici recueillis dans les grandes profondeurs, sont encore trop peu nombreux. Il semble, néammoins, que ce soient les Streptoneures et spécialement ceux du groupe des Troques (Aspidobranches) qui y dominent. Au contraire, les Euthyneures y sont bien moins nombreux (certains Opisthobranches, un ou deux Nudibranches.)

Parmi les formes de Gastropodes habitant à une assez grande profondeur, et dont l'animal a pu être étudié, il s'en est trouvé un certain nombre qui sont dépourvues d'yeux fonctionnels, tout comme la plupart des Mollusques des cavernes et des souterrains.

Comme d'autre part, les animaux qui n'en sont que spécifiquement ou génériquement distincts, mais vivant dans la zone littorale, ont les organes visuels bien développés, on a pu en conclure que l'atrophie des yeux, chez les espèces abyssales, est due à l'obscurité qui règne dans les grandes profondeurs de l'Océan.

Comme exemples principaux de Gastropodes abyssaux sans yeux, on peut citer surtout :

Puncturella brychia.	Vers 2400 mètres.
Cocculina.	De 180 à 1520 mètres.
Propilidium.	Jusqu'à 2500 mètres.
Lepeta, Pilidium, Pectinodonta, etc.	Jusqu'à plus de 1000 m.
Addisonia.	De 130 à 1000 mètres.
Oocorys.	De 1000 à 4000 mètres.
Fossarus (?) cereus	Vers 2500 mètres.
Chrysodomus sarsi.	De 2300 à 3200 mètres.
Guivilleia.	Vers 3000 mètres.
Pleurotoma (plusieurs espèces). . .	Jusqu'à 3500 mètres.
Gonieolis.	Vers 180 mètres.

Chez certaines des formes ci-dessus énumérées, il n'y a plus aucune trace d'yeux ; chez quelques autres, ces organes se présentent dans un état d'organisation impropre à tout service.

Il a été montré, par exemple, que l'œil de *Guivilleia,* qui se voit à peine du dehors, ne possède plus de pigment, ni de cristallin, et que l'extrémité du nerf optique même a perdu sa structure.

De même que chez les poissons, nous avons vu se développer divers organes tactiles, nous trouvons également des appendices sensoriels d'exploration, chez certaines espèces de Gastropodes abyssaux, dont les correspondants littoraux en sont dépourvus (par exemple, un Troque dont la tête porte, de chaque côté de la bouche, un fort lobe tentaculaire).

On trouve encore, dans les abysses, un assez grand

nombre de Mollusques appartenant à une grande division qu'il faut rapprocher des Gastropodes et dont la coquille tubuleuse, tout à fait spéciale, est bien connue des collectionneurs : ce sont les Dentales. Les espèces abyssales de ce groupe sont nombreuses, mais peu différenciées les unes des autres.

3. Pélécypodes

Dans les formes abyssales de la classe des Pélécypodes (ou Lamellibranches), qui est représenté jusque vers une profondeur de 5300 mètres, on observe d'une façon presque constante que la coquille est incolore mince et fragile, ce qui est dû certainement à la nature vaseuse du fond et à la tranquillité des eaux, dans lesquelles l'animal n'a plus besoin, d'autant de protection que dans les eaux agitées de la zone littorale.

Parmi les Pélécypodes abyssaux, il en est peu qui soient pourvus de longs siphons ; les formes telles que les Tellines, les Donaces, etc., qui sont si communes sur toutes nos côtes, manquent généralement dans les grandes profondeurs.

C'est aux familles des Arches, des Peignes, etc., qu'appartiennent le plus grand nombre des Mollusques à coquille bivalve, qui ont été recueillis dans la zone abyssale. Les animaux de ces derniers groupes présentent normalement (dans la zone littorale) sur les parties molles (manteau) qui viennent affleurer au bord de la coquille, des organes visuels différemment constitués, mais tout autres que les yeux des Gastropodes. Chez les Pectinides, ces organes sont très hautement différenciés et rappellent, par plusieurs points de leur structure, les yeux des vertébrés.

Or, les espèces abyssales de ces groupes, qui ont pu être étudiées, ont montré que le bord de leur manteau est dépourvu de ces organes visuels. Tels sont, par exemple, les *Pecten* et les *Amussium,* de 2000

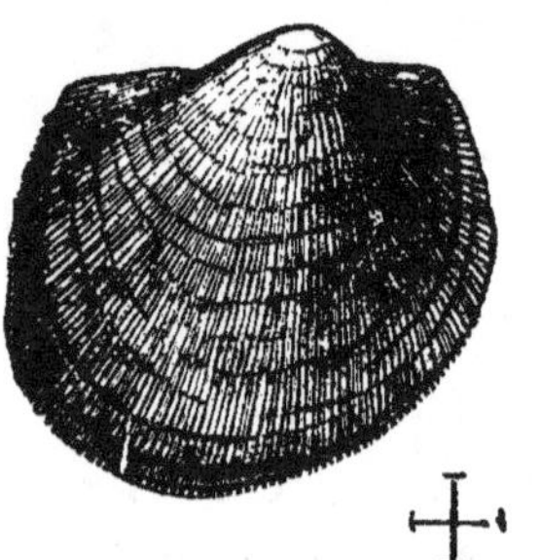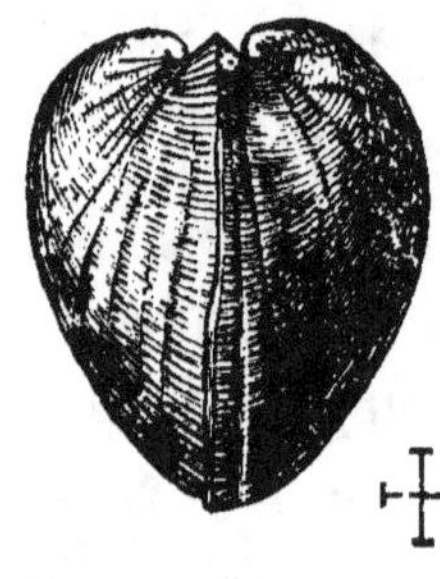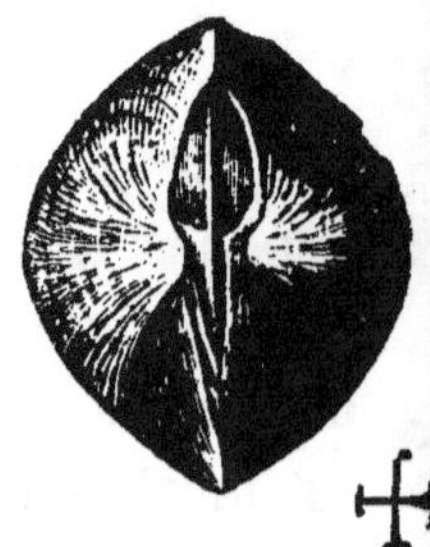

Fig. 38 à 40. — *Arca.*

à 2500 mètres, les *Arca* (fig. 38 à 40), vers 3700 mètres, etc.

Un autre groupe, auquel il faut rapporter un certain nombre d'espèces de grandes profondeurs, est celui des Anatinacés *(Thracia, Lyonsia, Pholadomya, Lyonsiella).*

Finalement, il y a une subdivision que l'on peut considérer comme spéciale à la région abyssale et dans laquelle s'observe une remarquable et particulière modification de structure.

Cette subdivision, qui est voisine de celle des Anatinacés, est caractérisée par la réduction ou régression des organes respiratoires. Les branchies, qui, chez beaucoup de Pélécypodes, forment par leur jonction en arrière du pied, une cloison divisant la cavité palléale en deux chambres séparées, constituent ici une cloison complète, s'étendant depuis la bouche jusqu'à la partie postérieure, et ont perdu entièrement leur structure spéciale, au point de devenir tout à fait musculaires. Cette division, dont les principaux genres sont *Poromya*, *Silenia*, *Cuspidaria*, a reçu le nom de Septibranchiés.

Dans d'autres formes, il a été constaté aussi que, comparativement aux espèces voisines littorales, les branchies sont réduites dans une certaine mesure *(Semele)*.

Cette réduction n'est pas spéciale aux Pélécypodes, car elle a encore été observée dans un groupe de Tuniciers dont la branchie est plus simple que chez les ascidies littorales.

III. CRUSTACÉS

1. Décapodes

Un des premiers Crustacés recueillis en eau profonde, appartenait à la famille des homards : c'est *Nephropsis Stewarti*, pris dans l'océan Indien, au voisinage des îles Andaman, par 550 mètres de profondeur environ. Il est caractérisé par ce fait que le pédoncule oculaire est très court et abrité sous la base du rostre et que l'œil est tout à fait rudimentaire, sans pigment ni cornée et présente la même coloration rose tendre que le reste du corps ; les antennes sont fort développées et l'organe auditif présente une grandeur exceptionnelle.

Le plus grand nombre des Crustacés spéciaux aux régions abyssales, étudié depuis, ont présenté des caractères analogues ou encore plus marqués. Parmi ceux-ci, on peut en indiquer un certain nombre appartenant comme les *Nephropsis*, au groupe des Décapodes.

Chez *Thaumastocheles zaleuca*, qui provient des environs de Saint-Thomas (Antilles) et d'une profondeur de 825 mètres à peu près, c'est à peine s'il y a encore un rudiment de pédoncule oculaire : à la place où se trouve l'œil chez les Décapodes littoraux, il y a une place vide, tout comme si cet organe et son pédoncule avaient été soigneusement extirpés et que l'espace qu'ils occupaient avait été recouvert par une membrane chitineuse. Cette forme est encore caractérisée par l'allongement des pinces ravisseuses.

Le groupe des Langoustes, comme celui des Homards se trouve représenté dans les abysses, et par des espèces au plus haut point intéressantes : ce sont les Polychélides *(Pentacheles, Willemoesia,* etc.), qui se rencontrent jusque vers 4000 mètres et rappellent par leur aspect les Eryonides du Jurassique et du Crétacé. Toutes ces formes sont caractérisées par l'allongement de leurs pinces et par leurs yeux rudimentaires ou nuls. *Willemoesia*, qui vit dans l'océan Atlantique et dans l'océan Pacifique, vers 3500 mètres est dépourvu d'œil à l'état adulte : mais on a reconnu que l'embryon de ce genre possède de yeux bien développés comme ceux des Crustacés littoraux.

La subdivision dans laquelle on range les crevettes

renferme de nombreuses espèces abyssales, et certaines de celles-ci s'étendent jusqu'à 5000 mètres de profondeur ; il en est qui vivent en bandes nombreuses Toutes sont, en général, caractérisées par l'allongement de leurs appendices : c'est ainsi qu'on en voit dont les antennes ont jusqu'à trois fois la longueur du corps et atteignent un mètre de long.

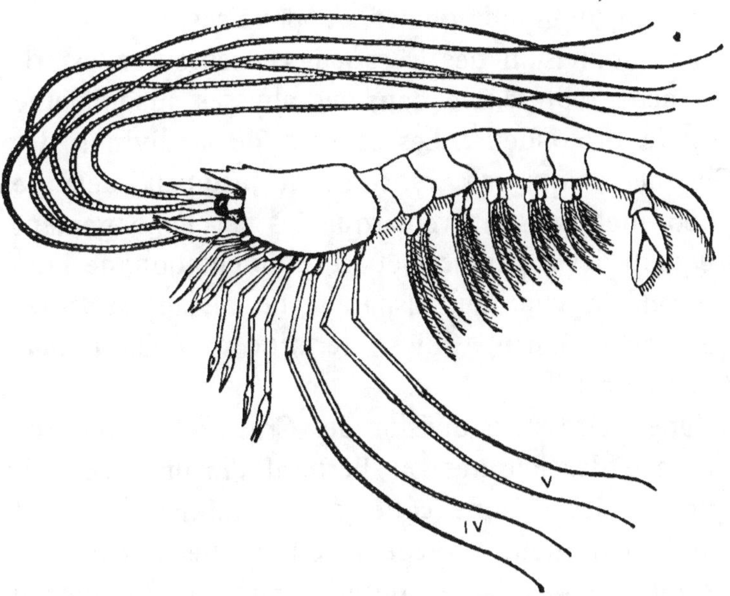

FIG. 41. — *Hapalopoda investigator* (2000 mètres).

Il est remarquable de voir que, chez ces animaux comme chez certains poissons *(Bathypterois)*, des organes locomoteurs se sont transformés en organes sensoriels explorateurs ; c'est le cas de *Benthesicymus* où cette transformation affecte la dernière paire de pattes thoraciques, et surtout de *Hapalopoda investi-*

gator qui vit à près de 2000 mètres de profondeur et chez lequel les deux dernières (quatrième et cinquième) paires de pattes thoraciques ont perdu l'aspect des paires précédentes et sont devenues de véritables fouets multiarticulés, tout à fait semblables à des antennes (fig. 41).

On connaît aussi d'autres crevettes de mer profonde (*Acanthephyra*) qui portent des organes phosphorescents sur un grand nombre d'appendices.

La subdivision des Décapodes anomoures est richement représentée dans les abysses, jusqu'à une grande profondeur. Les espèces de la division des Galathées, qui se rencontrent jusqu'au delà de 4000 mètres, sont remarquables par l'allongement fréquent des appendices et la rudimentation de l'organe de la vue, qui disparaît, ne laissant subsister que son pédoncule qui se termine en épine (*Galathodes*, etc.).

Une intéressante division des Crustacés anomoures est celle des Pagures ou Bernard l'Ermite. On sait que dans les régions côtières, ces animaux qui ont l'abdomen mou, protègent cette partie du corps en l'enfonçant dans une coquille spirale de mollusque gastropode et qu'il en résulte une asymétrie de l'abdomen et de ses appendices. Dans les abysses, les coquilles de Gastropodes sont rares, et les Pagures sont par suite, obligés de recourir à d'autres abris de forme régulière, ou bien s'en passer. Dans les deux cas, l'abdomen et ses appendices reprennent leur symétrie primitive ; en outre, dans le second cas, l'abdomen se raccourcit, comme on peut le voir

chez *Tylaspis*, un des plus abyssaux parmi les Pagures, puisqu'il a été pris vers 4350 métres dans
l'océan Pacifique austral.

Les Anomoures qui ont été rencontrés au niveau
le plus bas ont l'abdomen encore plus réduit ; tels
sont les *Ethusa*, qui habitent jusqu'à 5000 mètres
de profondeur. Au même sous-groupe appartient aussi
Cymonomus, chez lequel on a fait d'intéressantes observations. On a vu ci-dessus, que l'œil des Crustacés
peut présenter différents degrés de rudimentation,
d'une espèce à l'autre, jusqu'à la disparition totale.
Or, une même espèce peut aussi offrir tous ces degrés
de rudimentation, à elle seule, suivant le niveau
auquel elle habite ; c'est le cas de *Cymonomus*. On a
constaté en effet que, vers la surface, les pédoncules
oculaires de ce crustacé sont mobiles et les yeux bien
conformés et fonctionnels ; à quelques cents mètres,
les pédoncules, quoique encore mobiles, sont pareils
à ceux de *Nephropsis* et ne présentent plus de trace
d'œil ; enfin, vers 1500 mètres, ces pédoncules ne
sont même plus mobiles et s'allongent en pointe
épineuse comme ceux des Galathées citées plus haut.

Quant au groupe, relativement moderne, des Crustacés décapodes brachyures ou crabes, il n'est guère
représenté dans la faune abyssale ; il n'y a pas, en effet,
de vrai crabe au delà de 1800 mètres.

2. Schizopodes.

Les Crustacés schizopodes, que l'on ne connaissait
guère autrefois que dans les eaux peu profondes, vers

les côtes et au large, sont largement répandus dans
les mers profondes, jusqu'à 3850 mètres de profondeur au moins. En outre, alors que les espèces littorales et pélagiques sont des animaux de très petite
taille *(Mysis,* etc.), on a rencontré parmi les formes de
mer profonde, des espèces présentant souvent de

Fig. 42. — *Gnathophausia.*

très grandes dimensions : c'est ainsi que *Gnathophausia* (fig. 41) peut dépasser la taille d'une grosse
écrevisse.

Beaucoup de Schizopodes abyssaux sont caractérisés
par un remarquable développement d'organes lumineux, possédant, comme ceux de certains poissons
(Chauliodus, Stomiatidæ, voir plus haut), un corps
lenticulaire et cumulant peut-être les fonctions d'œil
accessoire et d'appareils phosphorescents ; chez
Gnathophausia, ces organes lumineux sont situés sur

la deuxième paire de mâchoires ; chez d'autres, ils se trouvent répartis sur certains segments abdominaux et sur divers appendices.

3. Amphipodes

Les Amphipodes, parmi lesquels tout le monde connaît les puces de mer et les crevettes de ruisseau, sont rares dans les abysses où l'on n'en a d'ailleurs rencontré aucun au delà de 2700 mètres de profondeur. Quelques-uns de ceux qui y ont été pris présentent une assez grande taille, certains d'entre eux sont très épineux, comme par exemple *Acanthozone*.

4. Isopodes

Le groupe des Isopodes, auquel appartient le cloporte, est, au contraire, très répandu dans les abysses, où sa présence a été constatée jusqu'au delà de 5200 mètres de profondeur.

Bien que ces animaux soient généralement de petite taille, on en a recueilli, dans la mer des Antilles, par 1740 mètres, une espèce de 23 centimètres de long *(Bathynomus)*.

Beaucoup d'Isopodes abyssaux sont aveugles ; on peut remarquer que, déjà avant 200 mètres, on en a recueilli une espèce dans ce cas. L'œil peut alors manquer totalement ou être seulement dépourvu de certaines parties constituantes (comme le pigment, par exemple, chez *Næsa*) ; parmi les Isopodes aveugles se trouvent *Munnopsis*, *Arcturus* et tous les *Tanais* de grande profondeur.

5. Cirripèdes

On trouve encore dans les abysses des crustacés fixés, les Cirripèdes, dont les Balanes et les Anatifes sont les formes littorales et pélagiques bien connues. Certaines espèces habitent jusque dans les plus grandes profondeurs, comme *Scalpellum regium* qui provient de 5210 mètres environ. C'est chez cette forme qu'on a observé que le stade *Nauplius* qui est celui de l'éclosion chez les Cirripèdes de surface, s'accomplit dans l'intérieur de l'œuf. Peut-être d'autres Cirripèdes abyssaux sont-ils dans le même cas.

D'autre part, il n'a pas été rencontré dans les grandes profondeurs océaniques, de Crustacés archaïques ou primitifs, tels que des Phyllopodes, et, d'une façon générale, de groupes dits inférieurs. La grande majorité des Crustacés abyssaux appartient en effet aux formes d'organisation très élevée (Décapodes, Schizopodes, etc,). On n'a pas trouvé davantage, dans les abysses, de Crustacés rappelant les types paléozoïques, tels que les Trilobites.

IV. ARACHNIDES

Dans le même embranchement que les Crustacés, se rangent de petits animaux marins à appendices

articulés, appelés *Pycnogonides* (ou encore *Pantopodes*,
à cause du grand développement des pattes par
rapport au corps). Ce groupe qui est représenté près
des côtes par des formes de petite taille, grandes
comme l'ongle *(Pygnogonon)*, s'étend très loin dans
les profondeurs de la mer, jusque vers 4800 mètres
à peu près et présente, comme les Schizopodes, la
particularité d'être représenté dans les abysses, par
des espèces géantes, à appendices extrêmement
allongés, comme les *Colossendeis*, qui peuvent atteindre, les pattes étendues, quarante centimètres de
diamètre.

V. ÉCHINODERMES

Cet embranchement, comme le groupe de Crustacés,
est richement répandu dans le fond des océans; ses
quatre subdivisions : Oursins, Étoiles de mer, Holothuries et Encrines y sont également bien représentées.

1. Échinides

Parmi les Oursins spéciaux à la faune abyssale on
doit remarquer surtout des formes irrégulières (Spatangues) de la famille des *Ananchytidæ : Pourtalesia,
Ananchytes*, etc., rappelant les espèces d'Oursins irré-
guliers qui vivaient à l'époque crétacée. La forme de
Pourtalesia est des plus curieuses. Alors que les
Oursins réguliers ont une section horizontale circulaire, et une sorte de symétrie pentagonale, *Pourtalesia*
a le corps très allongé, presque cylindrique, avec une

extrémité antérieure tronquée, où se trouve la bouche, et une extrémité postérieure rétrécie, où est l'anus. C'est presque un animal à symétrie bilatérale.

Parmi les Oursins réguliers de mer profonde, il s'en trouve aussi qui rappellent des formes du Crétacé : *Salenia*, et surtout les Oursins mous ou Echinothuriés qui sont encore plus particuliers aux régions abyssales et qui s'étendent jusqu'à 4250 mètres. Alors que chez les Oursins ordinaires, l'enveloppe calcaire ou test est formée de petites plaques soudées entre elles, de façon à former un tout d'une pièce et inflexible, chez les Oursins mous au contraire, ces plaques sont imbriquées et seulement articulées ensemble, de telle sorte qu'elles peuvent avoir l'une sur l'autre des mouvements de flexion d'une certaine amplitude ; l'Oursin peut ainsi plus ou moins s'aplatir sur le fond. Les plus remarquables formes d'Echinothuriés actuels sont *Asthenosoma* ou *Calveria* (fig. 42) et *Phormosoma*.

Il faut remarquer aussi, parmi les Oursins abyssaux, la fréquence des espèces vivipares ; les espèces littorales sont ovipares et leurs jeunes naissent sous forme de larves pélagiques libres *(Pluteus)*, tandis que des espèces de grande profondeur peuvent présenter un abri sous leurs épines ou une poche incubatrice *(Hemiaster)* où les jeunes passent la première partie de leur existence.

2. Stellérides

Les Étoiles de mer des régions abyssales sont souvent caractérisées par la grande longueur de leurs bras ;

certaines de celles-ci sont phosphorescentes *(Brisinga)*. D'autres, au contraire, ont les bras presque nuls, sans saillie, ce qui donne au corps une forme pentagonale *(Pentagonasteridœ)*.

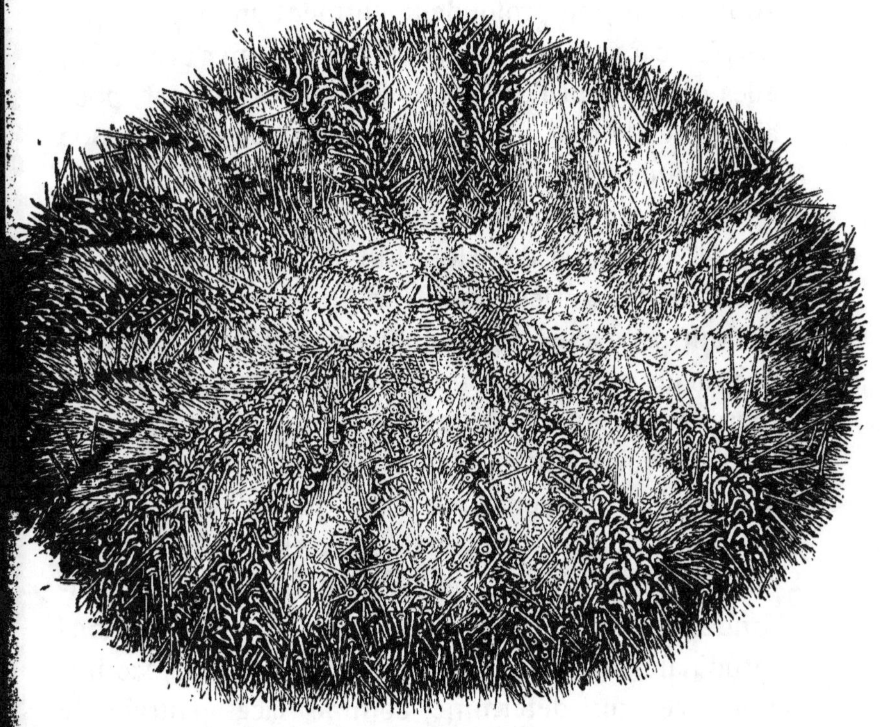

FIG. 43. — *Calveria astenosoma.*

Il en est (Astéries et Ophiures) qui sont incubatrices comme les Oursins indiqués ci-dessus. Chez les *Pteraster*, par exemple, il y a, au-dessus de la face supérieure, une membrane tendue sur les épines et limitant ainsi une poche incubatrice où les jeunes trouvent un abri après l'éclosion et qui s'ouvre au milieu du dos, par cinq valves.

3. Holothurides

Les Holothuries abyssales, qui s'étendent jusqu'à 5000 mètres, en profondeur, forment un des groupes les plus caractéristiques de la faune de mer profonde ; elles constituent l'ordre des Élasipodes, qui est, pour ainsi dire, le seul nouveau grand groupe dont l'étude de la faune abyssale ait nécessité la création.

Elles sont caractérisées par leur symétrie bilatérale, qui les distingue des Holothuries littorales ; celles-ci montrent, extérieurement, cinq plans de symétrie passant par l'axe longitudinal sur lequel se trouvent la bouche et l'anus terminaux : ces cinq plans sont marqués par autant de rangées longitudinales, parallèles et équidistantes, d'appendices locomoteurs tous semblables entre eux, de sorte qu'il n'y a pas alors de faces dorsale et ventrale distinctes.

Dans les Elasipodes ou Holothuries de grande profondeur, il n'y a au contraire que trois rangées longitudinales d'appendices servant encore à la locomotion, ce qui détermine comme face ventrale de reptation, un espace égal aux deux cinquièmes de la surface totale du corps ; sur cette face ventrale, la rangée médiane d'appendices s'atrophie souvent, tandis que les organes latéraux prennent un grand développement et deviennent de vraies pattes. Le reste de la surface du corps forme un dos renflé et convexe, sur lequel les deux rangées restantes d'organes locomoteurs se sont transformés et sont devenus des tentacules sensoriels, qui peuvent être fort longs (par exemple chex certains *Oneirophanta)* et varie beaucoup de forme et de nombre d'un genre à l'autre, de même que les pieds ventraux.

Par suite de l'aplatissement de la face ventrale, la bouche à aussi quitté sa position antérieure et est devenue ventrale.

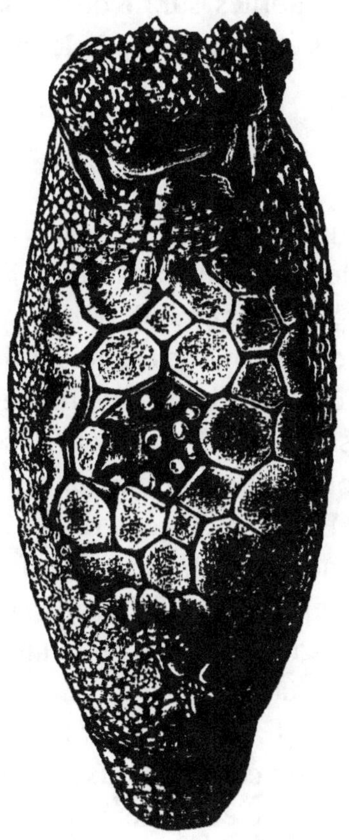

FIG. 44. — *Psolus ephippifer.*

Dans certaines formes, on a constaté une concentration des organes dans la région antérieure du corps, et la transformation de la partie postérieure en une sorte de queue qui reste flottante quand l'animal rampe (*Psychoprotes*).

Parmi les Holothuries abyssales, il y a des espèces incubatrices, comme chez les autres groupes d'Echinodermes : *Psolus ephippifer* (fig. 43) et *Cladodactyla* (fig. 44) en sont de bons exemple ; chez ce genre, les jeunes sont abrités sur le dos de la femelle, dans une gouttière s'étendant tout le long du dos.

4. Crinoïdes

On ne connaissait guère, avant l'exploration des mers profondes, de formes fixées ou Encrines, parmi les Crinoïdes ; le plus grand nombre d'espèce d'Encrines aujourd'hui connues provient des abysses : les Crinoïdes fixés sont donc un groupe assez spécial à la faune abyssale. Ils s'y étendent jusqu'à 5000 mètres, en profondeur, et ont été rencontrés sous toutes les latitudes. Plusieurs vivent réunis en nombreuses collections d'individus, fixées par de longs pédoncules qu'on a pu appeler des *forêts d'Encrines*, par suite de la forme gracieuse de ces animaux qui le fait ressembler à certains végétaux.

Les Crinoïdes fixés seulement à l'état adulte ou Comatules, se rencontrent aussi dans les grandes profondeurs, l'un d'eux a été trouvé jusqu'à 5800 mètres.

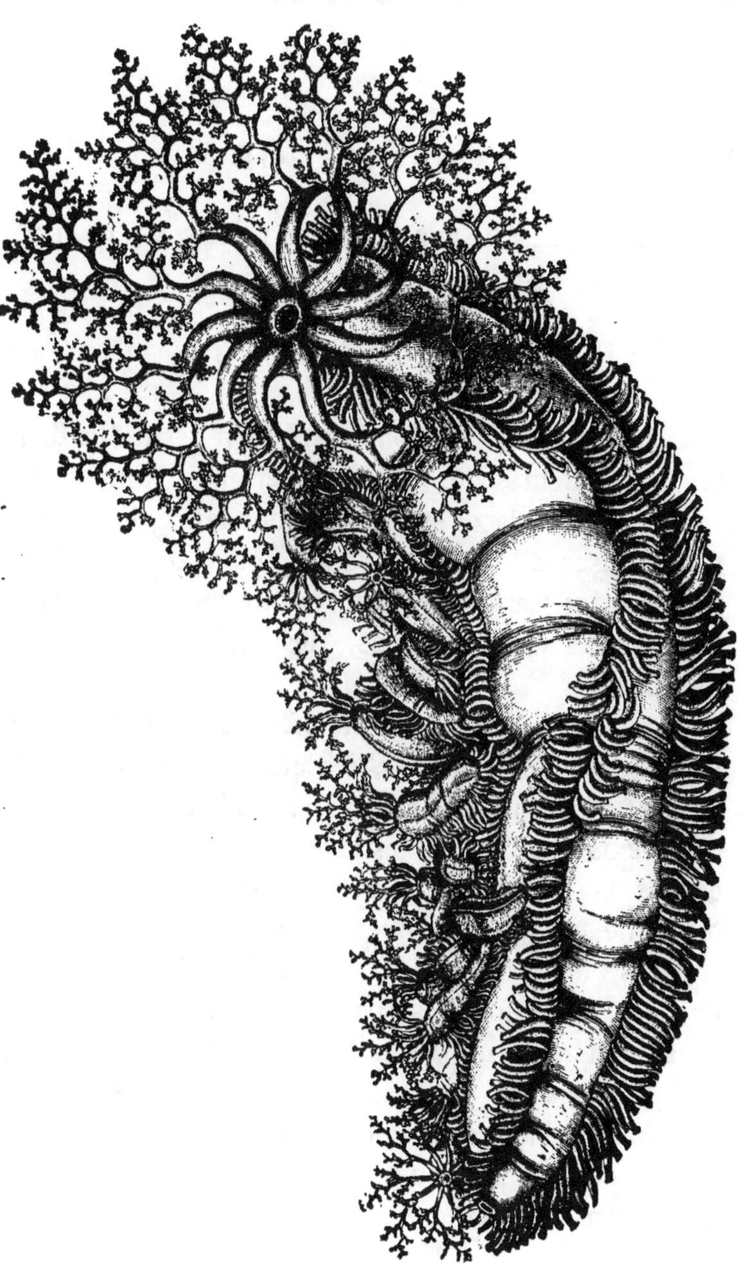

FIG. 45. — *Cladodactyla crocea* (Lesson).

CHAPITRE II

ASPECT GÉNÉRAL ET CARACTÈRES SPÉCIAUX DE LA FAUNE ABYSSALE

I. VARIÉTÉ

La vie animale est donc assez bien répandue dans les profondeurs de l'Océan ; certaines formes s'y trouvent, par place, en grande abondance, en bandes nombreuses d'individus, comme par exemple divers Poissons et Carides (Crustacés du groupe des Crevettes), des Oursins mous, des Holothuries et des Encrines.

D'autre part, la vie s'y manifeste sous des formes très variées ; car, comme il a été dit plus haut, il n'y a guère de grand groupe d'invertébrés de nos rivages qui n'existe aussi dans les abysses ; et même dans les eaux très profondes, toutes les divisions primaires du règne animal se trouvent représentées.

Seuls, les Tardigrades, les Turbellariées, les Rotifères et les Infusoires, parmi les animaux marins, paraissent manquer dans la faune abyssale. Mais le fait qu'on ne les y a pas encore vus ne prouve pas nécessairement leur absence à tous ; car il se pourrait que, si l'on n'a pas réussi à les recueillir, ce soit faute de moyens appropriés.

II. DISTRIBUTION GÉOGRAPHIQUE

A côté de la variété qu'elle présente dans son ensemble, la faune abyssale offre, comme un de ces caractères les plus frappants, une uniformité relativement grande, sur toute son étendue. Contrairement à la faune littorale, qui varie tant, de latitude en latitude, la faune des abysses est très semblable à elle-même dans les différents grands bassins océaniques, les mêmes espèces étant ordinairement répandues, en eau profonde, aussi bien dans les mers européennes qu'aux antipodes.

Il n'y a absolument rien qui puisse restreindre la distribution géographique des animaux dans les abysses. Le docteur Wallich, le pionnier des recherches biologiques en mer profonde, disait déjà, il y a vingt-deux ans, en parlant de cette région homotherme : que c'était une grande route pour les migrations animales d'un pôle à l'autre. Au-dessous de 1000 mètres, il fait partout sombre et froid, et il n'existe pas de rides sur le fond de l'Océan à une pareille profondeur, de sorte que rien ne peut gêner les migrations des animaux.

Beaucoup d'êtres que l'on rencontre en eau profonde dans les régions tropicales et tempérées, se retrouvent à une profondeur sensiblement moindre dans les hautes latitudes. On a conclu habituellement de là que ce sont les faunes arctique et antarctique qui ont colonisé la mer profonde. Mais il peut arriver aussi que des formes abyssales soient remontées plus près de la surface, dans les régions polaires parce que la température de l'eau y est plus basse, et que l'eau elle-même y est plus sombre pendant la plus grande partie de l'année, tant à cause de l'obliquité des rayons du soleil ou de l'invisibilité de cet astre, que parce que l'eau y est recouverte de banquises et d'icebergs. Très certainement, la colonisation a dû s'effectuer de toutes les régions littorales à la fois. Et les quelques formes identiques que l'on retrouve à la Nouvelle-Zélande et sur les côtes de la Grande-Bretagne proviennent peut-être de la faune abyssale.

III. DISTRIBUTION BATHYMÉTRIQUE

Pour ce qui concerne la distribution suivant la verticale, beaucoup de genres d'animaux ont, dans la mer, une vaste répartition en profondeur. Quelques-uns des types de nos rivages sont même représentés dans les abysses par des espèces étroitement voisines. Par exemple, les Anémones de mer, si communes sur nos côtes, sont alliées à deux types de mer profonde qui leur ressemblent tellement qu'on les prendrait au premier abord pour des formes voisines. L'une de ces Anémones abyssales, *Actinia abyssicola*, recueillie à 2700 mètres, se place dans le même genre que la forme la plus abondante qu'on observe dans nos contrées à marée basse. Mais, en mer profonde, par suite du manque de rochers pour y fixer son disque, elle est obligée d'entourer un tronc mort d'Alcyonnaire et de l'embrasser en quelque sorte pour qu'il lui serve de support.

On trouve, chez les Invertébrés, des genres voisins à des profondeurs différentes ; cela arrive même parfois pour les espèces et les individus. Ainsi, d'après Davidson, le Brachiopode *Terebratula vitrea* se trouve de 10 mètres à 3000 mètres de profondeur ; le genre *Waldheimia* depuis le rivage jusqu'à 4300 mètres, le genre *Discina*, de 100 mètres jusqu'à 4850 mètres. Comme M. P.-H. Carpenter l'a montré, le genre *Antedon* de nos côtes peut descendre jusqu'à 5800 mètres. Parmi les Ophiuridæ, selon le professeur Lyman, le genre *Amphiura* va de 4 mètres à 2300 mètres de profondeur. Le professeur Ehlers, de l'Université de Göttingue, a fait voir depuis longtemps que les Annélides et les Géphyriens avaient des genres voisins sur le littoral et en mer profonde.

D'autre part, au même point de vue bathymétrique, on constate, pour l'ensemble de la faune, que, lorsque la profondeur devient un peu considérable, le nombre des espèces animales diminue lentement, en même temps que le nombre des individus représentant chaque espèce. La vie animale des mers profondes diminue rapidement lorsqu'on dépasse 4000 mètres, pour s'éteindre complètement vers une profondeur de 6000 mètres.

C'est ainsi qu'à 4000 mètres il n'y a déjà plus, depuis longtemps, de Crabes, d'Amphipodes, de Coraux solitaires, non plus que de Céphalopodes ni de Méduses ; les Oursins mous (Echinothuriés) ne descendent pas plus bas que 4250 mètres environ, les Pycnogonides ni les Spongiaires au delà de 4800 mètres. A 5000 mètres se trouvent les derniers

Gastropodes, Crustacés Décapodes *(Nematocarcinus, Ethusa,* etc.) et Actinies ; les Crustacés Isopodes, les Mollusques Pélécypodes ou Lamellibranches, les Brachiopodes, les Étoiles de mer, les Holothuries et le Polypiers disparaissent vers 5300 mètres. Le poisson le plus abyssal a été recueilli vers 5500 mètres à peu près, la dernière comatule, vers 5800 mètres. Enfin, les Annélides, les Bryozoaires et les Ascidies, qui sont, jusqu'ici, les animaux rencontrés le plus loin de la surface, n'atteignent tout à fait 6000 mètres de profondeur.

Il est probable, étant donné les résultats négatifs des dragages faits par 7 et 8000 mètres, que la vie animale n'est pas encore répandue dans les plus grandes profondeurs.

IV. ABSENCE DE CONCURRENCE VITALE

Cette diminution du nombre des organismes qui se manifeste dès qu'une certaine profondeur est atteinte, entraîne avec elle une atténuation considérable et même une absence de concurrence vitale, ce qui a des résultats importants et intéressants. C'est ainsi que :

1. *Pour l'adulte.* — Si parmi les animaux abyssaux, il en est qui perdent de leur taille sous l'influence de certaines conditions de milieu, comme beaucoup de Gastropodes et la plupart des Pélécypodes, qui ont des coquilles délicates et peu fournies de calcaire, d'autres, au contraire, atteignent de grandes dimensions, comme par exemple :

Les Crustacés Schizopodes *(Gnathophausia,* qui dépasse la taille d'une grosse Écrevisse) ;

Les Isopodes (dont une forme, *Bathynomus,* atteint 23 centimètres de long) ;

Les Ostracodes (dont une espèce geante a été recueillie par le *Challenger);*

Les Nudibranches *(Bathydoris,* long de 12 centimètres) ;

Les Holothuries, qui atteignent 70 centimètres de long;

Les Tubulaires, les Pycnogonides, etc. ;

Chez lesquels la modification, consistant dans l'acquisition d'une grande taille, ne résulte pas d'un facteur primaire et direct d'ordre biologique, l'alimentation, mais d'un facteur secondaire qui est la diminution ou l'absence de concurrence vitale.

2. *Pour les œufs.* — Ils sont, chez beaucoup de Poissons et de Crustacés abyssaux, plus grands et moins nombreux que chez les animaux correspondants qui vivent près des côtes; ce qui prouve qu'ils ont comparativement moins d'ennemis. On sait en effet que, si une morue pond plusieurs œufs, c'est parce que la plus grande partie de ceux-ci sont exposés à être détruits et qu'un petit nombre seulement arrive à éclore à la surface.

Mais, si la vie est relativement paisible dans les abysses, leurs habitants n'en sont pas moins victimes de parasites tout comme les formes littorales. C'est ainsi qu'on trouve :

Sur des Poissons *(Ceratias)* une Lernée, Crustacé

copépode, dont on trouve des espèces sur les branchies de la morue;

Dans des Carides (Crevettes) et des Actinies, des Vers nématodes ;

Sur des Holothuries, un Mollusque gastropode, *Stilifer ;*

Sur des Crinoïdes, des Myzostomes ;

Dans des coraux, un champignon ; etc.

V. TYPES ABYSSAUX

D'autre part, malgré la variété de la faune abyssale, il n'a pas été révélé, par son étude, de monstres réellement extraordinaires ni de nouvelles formes de structure. En général même, pour l'énorme quantité d'animaux inconnus amenés au jour par l'exploration des mers profondes il n'a guère fallu créer d'ordres nouveaux ni même de familles nouvelles.

La faune abyssale ne possède donc pas de grands groupes qui lui soient spéciaux.

Les seules subdivisions un peu importantes, nettement abyssales, sont les Élasipodes dans la classe des Holothuries et les Échinothuries ou Oursins mous dans la classe des Échinides. Le reste de la population des mers profondes est formé d'animaux appartenant à des groupes connus depuis longtemps; à un très grand nombre de ces groupes, presque sans prédominance marquée de l'un ou de l'autre.

C'est ainsi que, si l'on veut caractériser la faune abyssale, on est obligé de citer des formes appartenant à presque toutes les divisions du règne animal;

FIG. 46. — *Umbellularia groenlandica.*

on y trouve en effet, essentiellement, outre les Échinothuries et les Élasipodes précités :

Des Poissons de forme ténioïde : *Ophidiidæ, Macruridæ, Stomiatidæ ;*

Des Tuniciers pédonculés ;

Des Crustacés à appendices allongés, appartenant
à différents sous-groupes ;

Fig. 47. — *Umbellularia groenlandica*

Des Etoiles de mer à longs bras et des formes
incubatrices ;

Des Oursins incubateurs ; des Spatangues de la
famille des Ananchytidæ *(Pourtalesia) ;*

Des Crinoïdes pédonculés ;

Des Alcyonnaires pédonculés, comme *Umbellularia*
(fig. 46 et 47);

Des coraux solitaires et d'autres polypiers, du groupe des Oculines ; des polypiers hydroïdes du groupe des Cryptohélias *(Sytlasteridæ)* ;

Des méduses rampantes ;

Des éponges pédonculées, spécialement les siliceuses, du groupe des Hexactinellides.

VI. NATURE DE LA FAUNE ABYSSALE

On doit donc reconnaître que tous les êtres abyssaux sont analogues aux autres organismes connus et alliés à nos animaux littoraux ; ils en diffèrent par certaines modifications que l'on doit considérer comme adaptatives, puisqu'on les retrouve identiques chez beaucoup d'organismes de groupes différents, marquant ainsi, sur la faune abyssale entière, l'empreinte profonde des conditions d'existence dans lesquelles elle vit.

Il y a là, pour la théorie de la variabilité des espèces, une éclatante confirmation ; car, si les espèces étaient fixes, celles qui auraient été placées, dès leur origine, dans des conditions aussi opposées que les abysses et la zone littorale, présenteraient nécessairement entre elles des différences de structure absolument extraordinaires, et chacune des faunes abyssale et littorale posséderait des groupes d'animaux à elle spéciaux.

Il en résulte que l'on ne peut guère caractériser la faune des abysses par tel ou tel grand groupe déterminé (comme on le ferait par exemple pour celle d'une région terrestre quelconque), mais bien plutôt par les modifications analogues que les animaux abyssaux, de divisions voisines ou éloignées, ont subies sous l'influence du milieu spécial où elles se sont trouvées placées.

Mais bien qu'on n'ait pas, comme il a été dit plus haut, découvert parmi ces êtres des mers profondes, de conformation organique nouvelle, extraordinaire, écartée de tout ce qui était connu, bien que l'on n'ait pas rencontré de nouvelle forme de symbiose de parasitisme, etc., si, au contraire, l'ensemble nous a présenté des physionomies que nous connaissions déjà d'une façon approchée, les résultats de l'exploration des régions abyssales du globe n'en ont peut-être pas moins, aux yeux des biologistes, l'importance la plus considérable et l'intérêt le plus élevé qu'ils pouvaient avoir : ils ont en effet donné, aux idées évolutionnistes, la plus complète des confirmations, en faisant connaître les modifications particulières que les animaux abyssaux ont subies d'une façon plus ou moins générale, pour s'adapter aux diverses conditions de milieu spéciales des abîmes de la mer.

Nous allons examiner maintenant les principales de ces modifications, en cherchant à les rapporter aux causes ou facteurs d'évolution qui les ont produites.

CHAPITRE III

PRINCIPALES MODIFICATIONS DUES AUX CONDITIONS D'EXISTENCE DANS LES ABYSSES

I. Nature du fond (vases, boues, argiles).

La nature vaseuse du fond produit des modifications analogues chez des Poissons de groupes différents qui s'y enfoncent : ils perdent presque complètement leurs nageoires paires et acquièrent une bouche énorme.

L'absence de rochers auxquels les animaux inférieurs pourraient se fixer est cause que beaucoup d'entre eux (Tuniciers, Crinoïdes, Alcyonnaires, Spongiaires) acquièrent un très long pédoncule qui s'enfonce dans la vase, de façon à fixer suffisamment l'animal, étant donné la grande tranquillité des eaux au fond des mers.

Le même motif explique l'absence, dans la faune abyssale, de Mollusques pélécypodes fixés ou pourvus de byssus, et a encore produit une modification importante sur la plupart des Holothuries des grands fonds.

Dans la zone littorale, ces animaux ont, extérieurement, cinq plans de symétrie passant par l'axe longitudinal, de sorte qu'on ne peut y distinguer de faces dorsale et ventrale. Ils possèdent cinq rangées longitudinales équidistantes d'organes locomoteurs qui leur servent à se mouvoir en tous sens sur les côtes rocheuses qu'ils habitent, entre les galets, sous les anfractuosités des rochers, etc. Mais, sur le fond vaseux et uni des grands océans, trois rangées seulement d'organes locomoteurs sont demeurées fonctionnelles, et la partie qui les porte s'est aplatie de façon à constituer un disque ventral ou pied, tandis que le reste de la surface du corps forme un dos voûté sur lequel les deux rangées restantes d'organes locomoteurs se sont modifiées de façon à se transformer en appendices sensoriels. En outre, la bouche, terminale chez les formes côtières sans dos ni ventre, est devenue ventrale dans les Holothuries abyssales, ce qui leur permet de saisir plus facilement la nourriture qui se trouve sur le fond.

Les méduses, animaux essentiellement pélagiques et nageurs, ont, en devenant abyssales, transformé les appendices périphériques de leur ombrelle en organes de reptation.

II. TEMPÉRATURE

Elle n'agit pas sur les animaux considérés individuellement, mais sur leur distribution géographique, qu'elle rend très étendue, donnant ainsi à la faune abyssale une uniformité grande, contrastant avec la variabilité de la faune littorale.

La température élevée (13 degrés) qui règne dans les grandes profondeurs de la Méditerranée, ainsi que nous l'avons vu plus haut, est la cause pour laquelle les animaux abyssaux de l'océan Atlantique, qui ont pu passer le détroit de Gibraltar à l'un ou l'autre moment, n'ont guère pu s'acclimater dans les abysses de la mer Méditerranée, habituées qu'ils sont aux températures beaucoup plus basses des profondeurs de l'Océan. Jusqu'ici, c'est donc surtout à la température qu'on doit attribuer la pauvreté de la faune abyssale méditerranéenne, car cette mer intérieure est de formation trop récente pour que ses animaux littoraux aient déjà pu coloniser ses abysses. Aussi s'explique-t-on les idées de Forbes sur le « zéro de la vie animale », quand on sait que ses recherches sur la distribution bathymétrique (ou en profondeur) des animaux marins, ont surtout été faites dans la Méditerranée.

III. LUMIÈRE

Elle n'est pas seule à agir, par son absence, et à donner, à la faune des mers profondes, ses caractères distinctifs de la faune littorale, comme a voulu le montrer Fuchs. Car la nature du fond, la pression, la profondeur, la température, la tranquillité de l'eau, etc. agissent également. Néanmoins on ne peut nier l'importance considérable de ce facteur.

On peut déjà voir un de ses effets dans l'absence d'adaptation protectrice (confondue avec le mimétisme) dans les abysses : sur un fond de couleur toujours uniforme, on observe indistinctement des animaux noirs, blancs ou présentant certaines teintes du rouge.

L'uniformité de couleur des animaux abyssaux en résulte aussi ; cette uniformité ne peut être niée : un grand nombre de poissons, quoique appartenant à des familles très différentes, ont la peau lisse, d'un noir velouté ; beaucoup d'autres formes, de divers groupes (Crustacés, Mollusques, Étoiles de mer, Holothuries, Crinoïdes) sont incolores comme certains animaux des cavernes ; d'autre part, d'une façon générale, les couleurs autres que le noir, le blanc et diverses teintes du rouge, sont rares, et le bleu manque totalement chez les organismes des grands fonds.

Les modifications de l'appareil visuel sont également dues à la diminution et à l'absence de lumière qu'on observe à mesure que la profondeur augmente. On remarque, en effet, que, jusqu'à une certaine profondeur à laquelle les derniers rayons lumineux peuvent pénétrer, l'œil (de certains poissons par exemple) augmente de dimension et de puissance, afin de recueillir la plus grande partie de cette lumière et de celle que réfléchissent les corps sous-marins. Plus bas, chez les Poissons, les yeux deviennent fréquemment plus petits et disparaissent même *(Apbyonus, Ipnops, Tauredophidium)*.

En règle générale, les animaux abyssaux n'ont pas d'yeux ou en ont de très grands. Aux premiers appartient *Thaumastocheles zaleucus*, sorte d'écrevisse de mer profonde, trouvée vers 850 mètres au-dessous de la surface, et qui n'a pas d'yeux du tout comme nous l'avons vu précédemment, mais dont les antennes extrêmement longues et délicates lui servent véritablement comme un bâton à un aveugle. Le corps de l'animal est d'ailleurs couvert de nombreux poils qui sont probablement des organes tactiles.

Beaucoup de Crustacés et d'autres êtres abyssaux ont d'énormes yeux dans le but d'utiliser la petite quantité de lumière qui peut exister dans les grandes profondeurs. Par suite de l'absence de la lumière solaire, la seule source de lumière qui puisse exister dans les abysses est fournie par la phosphorescence des êtres abyssaux eux-mêmes.

Sans aucun doute, le sens du toucher est un des plus développés dans les animaux de mer profonde. Beaucoup sont pourvus d'organes spéciaux et de longs poils. Certains Poissons, dont il a été question plus haut, ont des rayons de leurs nageoires extraor-d'nairement prolongés. Nous ne connaissons l'organe de l'ouïe d'aucun des poissons qui ont été recueillis ; ils étaient trop précieux pour qu'on pût les disséquer. Il est bien possible que quelques-uns d'entre eux aient possédé cet organe à un état extraordinaire de développement.

Pour les Crustacés et les Mollusques, la rudimen-tation de l'œil, proportionnellement à la profondeur est excessivement nette. L'exemple de formes spéci-fiques déterminées, pourvues d'yeux fonctionnels dans les régions supérieures, et aveugles dans les niveaux inférieurs (*Cymonomus*, *Bathyplax*) est frappant, et rappelle le cas de certains Crustacés des cavernes (*Trechus*) chez lesquels ont voit aussi l'œil se rudi-menter de plus en plus et devenir nul, suivant la quantité de lumière qui peut arriver jusqu'à l'animal. Un autre exemple non moins frappant est celui des formes où l'on voit l'œil exister chez l'embryon et être nul chez l'adulte *(Willemœsia)*.

Mais ce ne sont pas là des cas isolés : la plupart des Polychélides (famille à laquelle appartient *Willemœsia)* d'autres Macroures du groupe des Écrevisses *(Thaumastocheles, Nephropsis)* et des Galathées *(Galathodes,* etc.), beaucoup d'Isopodes, etc., ont l'œil atrophié à un degré plus ou moins complet.

D'autres Arthropodes, les Pygnogonides, sont dans le même cas que les Crustacés, les yeux étant absents dans les espèces les plus abyssales.

Chez les Mollusques, il en est de même : l'œil manque totalement chez beaucoup de Gastropodes abyssaux dont un certain nombre appartiennent à des genres oculés dans la région littorale; chez d'autres *(Guivilleia),* il est tellement modifié qu'il ne peut plus être fonctionnel. Pareillement, pour les Pélécypodes qui, dans les zones peu profondes, ont des organes visuels sur les bords du manteau *(Pecten, Amusium,* etc.), on remarque que les formes des grandes profondeurs en sont dépourvues.

Il y a donc, à ce point de vue, analogie complète entre la faune abyssale et celle des grottes et cavernes, ou souterraine, chez laquelle il y a également grand nombre de Poissons, Crustacés, Mollusques, dont les yeux, par suite de non-fonctionnement, sont atrophiés ou nuls.

L'existence d'organes lumineux, si générale chez les animaux abyssaux, alors qu'elle est peu fréquente dans la faune terrestre et littorale, où elle s'observe surtout sur des formes nocturnes, est encore un effet

de l'absence de lumière dans les abysses; vraisemblablement, cette phosphorescence des animaux sous-
marins vient compenser partiellement l'obscurité qui
règne dans les abysses et elle explique, jusqu'à un
certain point, la conservation des yeux chez certains animaux des grandes profondeurs.

Des organes lumineux existent chez un grand
nombre de formes abyssales; le corps des poissons
est, d'une façon générale, entièrement couvert d'un
mucus épais, phosphorescent sur l'animal frais, et
sécrété par des glandes répandues tout le long des
flancs, sous la tête et plus rarement sur le dos. Des
appareils plus spéciaux existent encore dans ce
groupe, sous deux formes principales :

Soit de grandes plaques ovalaires ou à contour
irrégulier, placées sur la tête, au-dessus du museau
(*Ipnops*), soit dans le voisinage de l'œil (*Malacosteus,
Opostomias*) et émettant une lumière jaune ou ver-
dâtre; soit de petits corps globulaires disposés en
série le long des flancs, vers la face abdominale, et
en nombre correspondant à celui des divisions de la
colonne vertébrale.

Mais, parmi ces derniers, les uns ont une structure
purement glandulaire (sans conduit excréteur), tandis
que les autres ont une structure assez semblable à
celle d'un œil, présentant notamment un corps lenticulaire qui sert vraisemblablement à concentrer les
rayons lumineux émis par la partie phosphorescente
de l'appareil, sans préjudice d'une fonction visuelle
possible (*Chauliodus, Stomiatidæ*).

Certains Crustacés voisins des Crevettes possèdent

des organes lumineux répartis sur toutes les régions du corps ; d'autres, du groupe des *Mysis*, portent, soit sur les segments du corps, soit sur les appendices, des organes phosphorescents spéciaux, munis d'un corps lenticulaire, comme ceux de certains Poissons susmentionnés.

Enfin un certain nombre d'Echinodermes (par exemple des étoiles de mer), de coraux et d'Alcyonnaires présentent le phénomène de phosphorescence, par la plus grande partie du corps. Le spectre de la lumière émise par les Alcyonnaires phosphorescents a révélé des rayons rouges, jaunes et verts.

Par une sorte de balancement organique, la rudimentation ou l'infériorité du sens de la vue, dans les abysses, est sinon compensée du moins atténuée par un développement plus grand d'autres appareils sensoriels.

En effet, les animaux abyssaux se distinguent d'une façon générale par le grand développement de leurs organes de la sensibilité générale et par le développement de nouveaux appendices tactiles ou d'exploration, au dépens de diverses parties du corps.

C'est ainsi que chez beaucoup de Poissons, on trouve un appendice dorsal ou un barbillon (hyoïdien) sous la mâchoire inférieure. Chez *Bathypterois* et *Opostomias*, on a vu ce remarquable développement d'appendices tactiles aux dépens de certains rayons des nageoires paires.

Un grand nombre de Crustacés de mer profonde se distinguent par l'allongement des appendices (antennes et pattes) : Macroures (principalement du groupe des Crevettes), Anomoures, etc. Un des faits les plus remarquables à cet égard est la transformation d'appendices locomoteurs (pattes thoraciques) en organes tactiles d'exploration à articles nombreux, comme des antennes *(Benthecisymus, Hapalopada)*.

Le même phénomène de développement d'appendices explorateurs s'observe chez des Mollusques gastropodes; il est particulièrement frappant aussi chez les Holothuries abyssales où l'on voit les deux rangées dorsales d'organes locomoteurs transformés en tentacules souvent très allongés.

IV. PROFONDEUR ET TRANQUILLITÉ SUBSÉQUENTE DES COUCHES LIQUIDES

Dans les eaux littorales peu profondes et agitées, où les organismes sont exposés à être roulés et entrechoqués, ceux qui portent une coquille ou une carapace l'ont toujours très épaisse. Au contraire, au fond des abysses, les Mollusques (et particulièrement les Pélécypodes) ont des coquilles minces et fragiles, ce qui résulte de la tranquillité des eaux à ces profondeurs.

La grande profondeur influe aussi d'une façon notable sur le développement, en ce sens que beaucoup d'animaux abyssaux ne possèdent plus de larve pélagique, c'est-à-dire de stade où l'embryon nage librement à la surface, après avoir quitté l'œuf et avant de revêtir la forme de l'adulte. Il y a aussi, quand il n'y a pas absence de ces larves, tendance à leur disparition.

C'est ainsi qu'on connaît un Cirripède *(Scalpellum Strömi)* chez lequel le Nauplius est supprimé, au moins en tant qu'embryon susceptible de se mouvoir hors des membranes de l'œuf.

De même, les remarquables formes larvaires pélagiques des Oursins *(Pluteus)* et des Étoiles de mer *(Brachiolaria)* sont supprimées chez beaucoup de ces Échinodermes des mers profondes, qui sont devenus inculateurs, afin de protéger leurs petits. Peut-être certains Crustacés *(Glyphus marsupialis)* sont-ils dans le même cas.

V. PRESSION

La presion n'agit pas sur les animaux abyssaux puisqu'elle les pénètre, même sur les Poissons à vessie natatoire, sauf que, chez aucun de ceux-ci, la vessie ne communique avec le tube digestif (Günther).

Mais la plus grande tension des gaz dissous, que produit la pression, est probablement cause de la simplification et de la régression de l'appareil branchial chez les Ascidies et les Mollusques pélécypodes.

VI. GAZ DISSOUS

D'autre part la proportion moindre d'oxygène, dans les abysses, est cause que la respiration ne peut y être aussi active. Aussi, les animaux qu'on rencontre dans les plus grandes profondeurs sont-ils des animaux fixés ou sédentaires, exigant peu d'oxygène;

tandis que les formes mobiles, à respiration plus active (Céphalopodes, Poissons, Crustacés nageurs) ne descendent pas aussi bas.

VII. MODIFICATIONS D'ORDRE BIOLOGIQUE

Le facteur qui agit ici est l'alimentation ; encore peùt-on, comme on va le voir, rapporter ses effets à un facteur cosmique, l'absence de lumière. On sait, en effet, que c'est cette absence qui cause celle de la vie végétale dans les abysses. Cette dernière a pour résultat immédiat le régime carnivore de la plupart des animaux abyssaux, régime qui entraîne avec lui certaines spécialisations.

C'est surtout chez les poissons que les habitudes carnassières ont le plus marqué leur caractères. Mais, comme les animaux provenant de la surface et des régions supérieures n'arrivent vers le fond qu'à l'état de proie morte, le caractère carnassier des poissons de mer profonde est assez spécial. Leurs dents sont habituellement très longues, mais non dirigées en arrière. Ils ont l'habitude d'avaler leur proie tout en- tière, comme les serpents et la déglutition ne s'ef- fectue pas sous l'influence des muscles du pharynx, mais bien par l'action indépendante et alternative des maxillaires, également comme chez les serpents.

Si l'on veut considérer les modifications dues à des facteurs secondaires, on verra que l'absence de concurrence vitale a, chez beaucoup de formes énumérées plus haut, produit un grand accroissement de dimensions.

CHAPITRE IV

ORIGINE DE LA FAUNE ABYSSALE

Etant donné les grandes similitudes qui existent entre les faunes marines littorale et abyssale, puisqu'on trouve dans toutes deux des animaux des mêmes subdivisions et des formes souvent voisines, on doit évidemment conclure que la faune abyssale ne forme pas un groupe tout à fait à part, sans aucun rapport avec les autres parties de la faune de notre planète. Car, s'il n'en était pas ainsi, si elle avait une origine distincte, les habitants des abysses, qui se trouvent dans des conditions si particulières n'auraient certainement pas de correspondants dans les autres parties de la faune marine.

Il y a donc unité dans la faune de la terre, c'est-à-dire qu'il y a des relations génétiques ou de parenté entre ses différentes parties.

Or on sait que les premières manifestations de la vie animale furent des formes marines. Mais on sait aussi que la faune littorale n'a pas été de tout temps ce qu'elle est aujourd'hui ; son origine se trouve dans les faunes littorales qui ont existé à des époques antérieures et dont les traces se retrouvent jusqu'à l'apparition de la vie animale.

Quoique les agents naturels de modification les plus actifs, qui caractérisent la région littorale, fassent pour la plupart défaut dant les grandes profondeurs, il est néanmoins vraisemblable que le faune abyssale, elle aussi, a varié depuis qu'elle existe.

On peut donc se demander d'où provient la faune abyssale actuelle, quelle est son origine. Les faunes marines littorale et abyssale ont-elles existé concurremment depuis l'apparition de la vie sur la terre, c'est-à-dire sont elles aussi anciennes l'une que l'autre, ou bien l'une dérive-t-elle de l'autre?

Sur cette question de l'origine de la faune abyssale, plusieurs opinions se sont fait jour :

I. ORIGINE PALÉOZOÏQUE

On a supposé que la faune abyssale a une origine très ancienne et que les animaux dont la Paléontologie nous a fait découvrir les restes dans les terrains formés à l'époque primaire, n'auraient disparu que dans les régions littorales et se seraient perpétués, sans se modifier beaucoup, dans les grandes profondeurs des mers.

Cette opinion se trouve exprimée d'une façon très caractéristique dans une lettre célèbre écrite par Louis Agassiz, au moment où il allait s'embarquer sur le *Hassler* (1872) pour explorer les côtes nord-est de l'Amérique du Sud ; il y énumérait les formes qu'il était convaincu de retrouver dans les abysses : Crustacés voisins des Trilobites, Mollusques voisins des Ammonites, des Poissons à écailles émaillées, semblables à ceux du Carbonifère, etc.

Or, un des caractères les plus remarquables de la faune abyssale est l'absence d'animaux paléozoïques, de formes représentatives des organismes primaires ou même de leurs descendants directs, en même temps que d'animaux archaïques ou primitifs.

Il n'y a pas là, en effet, de poissons Ganoïdes et Sélaciens, pas d'*Amphioxus*, pas de Mollusques voisins des Nautiles et des Ammonites, ni de Gastropodes archaïques (symétriques). Les Euryptérides, Limules, Trilobites manquent totalement, de même que les Crustacés les plus primitifs (Phyllopodes). Les plus anciens Brachiopodes *(Lingula)* font défaut, tout aussi bien que les représentants des Coraux paléozoïques et des Paléocrinoïdes, etc.

On ne peut donc faire remonter l'origine de la faune abyssale à une date aussi reculée que l'époque primaire ou paléozoïque, puisque cette faune manque des formes représentatives des points de départ, ou souches, de ses principaux groupes.

Entre ces derniers, il n'existe pas de liens, dans les abysses ; les formes dont il dérivent n'existent pas dans les grandes profondeurs océaniques et n'y ont pas existé ; c'est donc hors de la région abyssale qu'il faut chercher l'origine de la faune abyssale.

II. ORIGINE POLAIRE

Il s'est trouvé que les premières explorations en eau un peu profonde ont été faites dans les océans arctique et antarctique, dans le nord de l'océan Atlantique et sur les côtes septentrionales de la Norvège. Les formes animales révélées par ces explorations ayant été retrouvées, sous des latitudes plus basses (dans les zones tempérées et chaude), à de plus grandes profondeurs, on en a prématurément conclu que les faunes polaires trouvant, dans les grandes profondeurs des océans, des conditions de température voisines des températures froides des pôles, auxquelles elles étaient habituées, avaient émigré dans les abysses et donné naissance à la faune abyssale.

Mais il existe, dans cette dernière un très grand nombre de formes n'appartenant à aucun titre à la faune polaire et n'ayant pu en provenir ; c'est le cas des éponges siliceuses, de beaucoup d'Échinodermes et de Crustacés.

D'autre part, pour ce qui concerne les espèces auxquelles il a été fait allusion précédemment, elle ne sont pas caractéristiques de la faune polaire, mais de la faune abyssale en général ; et le fait qu'on les retrouve dans les régions polaires, à partir de profondeurs moins considérables, s'explique par le fait que les conditions abyssales s'y réalisent plus vite que sous des latitudes plus basses : en effet, la température des abysses s'y montre à partir d'un niveau assez peu profond ; en outre, la lumière y pénètre moins

profondément par suite de l'obliquité des rayons solaires, de l'absence du soleil pendant une partie de
l'année et de la présence d'une couche de glace superficielle ; cela rend compte en même temps de l'existence, à d'assez faibles profondeurs, de formes identiques ou voisines, dans les régions polaires nord
et sud.

Pas plus qu'on ne peut soutenir qu'une faune très
ancienne s'est simplement perpétuée dans les abysses,
on ne peut donc attriber à la faune abyssale une
origine polaire spéciale.

III. ORIGINE LITTORALE

A l'inverse de ce qu'on a vu pour la faune abyssale,
on retrouve, dans la faune littorale, beaucoup d'animaux archaïques, c'est-à-dire voisins de la souche,
des principaux groupes du règne animal, et des formes rappelant le premiers organismes ayant vécu
sur la terre.

On a donc toutes raisons d'inférer que la vie animale a commencé, sur notre planète, dans la région
littorale. C'est là, dans ces eaux peu profondes, où
la lumière et la chaleur pénètrent facilement et abondamment, et qui sont sans cesse renouvelées par les
courants, dont la surface agitée permet une aération
continue, et dans lesquelles la vie végétale offre à la
fois, aux animaux, l'oxygène en quantité considérable et une abondante nourriture, augmentée encore
par les débris terrigènes de toute sorte, c'est là que
la vie animale a pris tout d'abord son entier dévelop-

pement splendide et varié, et qu'elle s'est ensuite complètement épanouie.

C'est de cette zone littorale que la vie a alors rayonné dans les eaux douces, sur les terres et à la surface de l'Océan, pour donner naissance aux faunes fluviale, terrestre et pélagique.

Quant à la faune abyssale, moins ancienne que la faune littorale, loin d'avoir pu lui donner naissance, elle y a au contraire trouvé également son origine, non pas seulement au dépens des faunes littorales polaires, mais (puisqu'elle renferme les mêmes types animaux que les différentes régions littorales du globe) aux dépens de la faune littorale de la terre entière.

On peut, en effet, prouver que la faune abyssale provient de la faune littorale, et on peut même déterminer, d'une façon assez approximative, vers quel moment de l'histoire de la terre, elle a pris naissance.

On voit, d'une façon bien claire, que les animaux abyssaux n'ont pas été faits, tout d'une pièce pour le milieu qu'ils habitent, mais au contraire, puisqu'ils ont l'organisation d'animaux littoraux, et en plus qu'eux certaines modifications correspondant aux conditions d'existence de leur milieu, qu'ils ont été à une époque très reculée, des organismes littoraux et qu'ils ont dû se modifier sous l'influence des conditions spéciales aux abysses, afin de s'y adapter. Tout ce qu'ils gardent, à l'un ou l'autre moment de leur vie, de l'organisation d'animaux marins littoraux, montre bien qu'ils n'ont pas été fait directement pour leur habitat actuel, mais qu'ils s'y sont faits, en se transformant autant que l'exigeait l'influence du milieu.

C'est ainsi que, pour prendre un exemple dans le groupe des Crustacés, il y a des formes abyssales aveugles *(Willemœsia)* qui montrent, dans le cours du développement individuel, des yeux bien développés qui s'atrophient ultérieurement, preuve que ces formes dérivent d'autres ayant vécu dans une zone de profondeur où la lumière est vive, c'est-à-dire dans la région littorale.

De même, certaines autres espèces (des genres *Bathyplax, Cymonomus)* gardent leurs yeux fonctionnels ou sont aveugles, suivant le niveau qu'elles habitent.

On sait également que les Pagures (Bernard l'Ermite) ont acquis une asymétrie de l'abdomen et de ses appendices par suite de l'habitude de protéger cette partie du corps dans des coquilles spirales de Mollusques gastropodes. Or, les coquilles étant peu abondantes dans les grandes profondeurs, les Pagures abyssaux ont dû protéger leur abdomen dans des abris d'autre nature, cylindriques, ou ne pas le cacher du tout, et alors, cette partie du corps, ainsi que ses appendices, a repris sa symétrie primitive.

D'autre part, si l'on considère les différents groupes de la forme littorale, on constate que ceux qui sont représentés dans les régions les plus profondes des abysses sont précisément les plus anciens, alors qu'au contraire, les groupes dits plus modernes, n'ont pas encore atteint les plus grandes profondeurs (par exemple les Crustacés décapodes brachyures ou Crabes, qu'on ne rencontre actuellement que jusqu'à 1800 mètres environ).

Donc, la plupart des groupes zoologiques de la région littorale ont émigré dans les abysses, d'autant plus tard que leur apparition géologique est plus récente.

Cette colonisation des mers profondes, cette émigration des animaux côtiers vers les régions abyssales, a dû évidemment résulter d'une cause qui n'est autre que la concurrence vitale. Il a donc fallu que l'abondance des organismes littoraux fût devenue énorme, pour forcer certains d'entre eux (et non les plus forts) à quitter une région aussi riche.

Une seconde condition, pour que la colonisation des abysses fût possible, était que les émigrants trouvassent leur subsistance au fond des mers. Or, nous avons vu que la nourriture, dans la région abyssale, se compose essentiellement de proie morte provenant des côtes et surtout de la surface. Il fallait donc que les faunes littorale et surtout pélagique fussent constituées assez richement pour fournir, d'une façon continue, une nourriture suffisante aux habitants des abysses.

Si ces deux conditions ont pu se réaliser dès la fin de l'âge primaire, nous avons vu néanmoins que l'origine de la faune abyssale n'est pas aussi ancienne ; car, si la colonisation avait eu lieu à cette époque, étant donné l'absence, dans les abysses, de la plupart des facteurs d'évolution les plus actifs qui caractérisent la zone littorale, un nombre considérable de formes représentatives des organismes paléozoïques y eût survécu.

C'est donc ultérieurement que la colonisation a commencé. Et, si l'on recherche quels sont géologiquement les plus anciens des organismes de mer profonde, on constate que ce sont des Crustacés macroures *(Pentacheles, Willemœsia)* voisins des *Eryon* du jurassique, et des Échinodermes *(Salenia, Ananchytes, Asthenosoma)* voisins des Oursins du crétacé, donc des formes se rapprochant d'animaux qui ont vécu dans les mers du secondaire moyen et supérieur.

Il est par conséquent probable que ce n'est qu'après le milieu de l'époque secondaire que les animaux littoraux ont pu commencer à descendre dans les abîmes de la mer, chassés des régions côtières par la concurrence vitale, tout comme on voit aujourd'hui les habitants de certains pays trop peuplés, émigrer vers des régions moins habitées.

Cette colonisation des abysses a dû se faire par un très grand nombre de points à la fois, la vie est alors descendue lentement dans les profondeurs de la mer, et il ne s'est pas trouvé une seule partie de l'Océan où l'obscurité fut trop grande, la pression trop forte, la profondeur trop considérable, pour opposer une barrière à cette invasion des organismes vivants.

Il s'ensuit que la distance d'un point sous-marin au continent le plus rapproché peut être un facteur plus important, dans la distribution des animaux abyssaux, que la profondeur en cet endroit. C'est ainsi que, si l'on compare le résultat de dragages faits dans le centre du Pacifique avec le même nombre de dragages faits dans le même océan, par les mêmes profondeurs, mais à une petite distance des terres continentales, on trouve que les premiers n'ont donné que des formes spécifiques nouvelles et des genres nouveaux, tandis que les seconds ont donné un tiers d'espèces déjà connues dans des eaux moins profondes.

Néanmoins, on observe, dans la faune abyssale, une uniformité relative qui résulte de l'uniformité assez grande des conditions d'existence dans les abysses.

Quant à la rapidité avec laquelle la colonisatiion des grandes profondeurs de l'Océan a pu se produire, elle a dû être nécessairement très faible, les animaux devant peu à peu s'adapter aux conditions d'existence nouvelles auxquelles il étaient soumis. Il est donc certain qu'aux époques géologiques intermédiaires entre le secondaire et l'âge actuel, la faune abyssale ne s'étendait pas à une aussi grande profondeur qu'aujourd'hui.

D'autre part, peut-on affirmer que la limite à laquelle la vie s'arrête aujourd'hui (environ 6000 mètres) est définitive et que, dans les âges futurs, la faune abyssale ne s'avancera pas encore plus loin?

On ne le pourrait évidemment pas.

Car si, dans les plus grandes profondeurs de la mer, la nature du fond n'est pas favorable à la vie, la pression est énorme et l'oxygène peu abondant, ces conditions sont très semblables à celles.qu'on rencontre vers 6000 mètres et en diffèrent en tout cas moins que celles-ci ne diffèrent des conditions d'existence à la surface. Donc, puisque des animaux ont pu se modifier assez pour aller vivre vers 6000 mètres, alors que leurs ancêtres vivaient près de la surface de la mer, il est probable que leurs descendants pourront continuer à évoluer et à se modifier encore autant qu'il sera nécessaire, pour aller peupler des profondeurs plus considérables, où la pression est encore plus forte, l'obscurité plus grande, et l'oxygène plus rare.

FIN

TABLE DES MATIÈRES

FIN DE LA TABLE DES MATIÈRES

LYON. — IMPRIMERIE PITRAT AÎNÉ, 4, RUE GENTIL.